Lehr- und Handbücher zur Ökologischen Unternehmensführung und Umweltökonomie

Herausgegeben von

Dr. Carlo Burschel

Bisher erschienene Werke:

Baum · Coenenberg · Günther, Betriebliche Umweltökonomie in Fällen, Band I: Anwendung betriebswirtschaftlicher Instrumente
Birke · Burschel · Schwarz, Handbuch Umweltschutz und Organisation
Bringezu, Umweltpolitik
Jens, Ökologieorientierte Wirtschaftspolitik
Pfaffenberger · Strebel, Ökonomische Energienutzung
Pfander, Ökologieorientierte Informations- und Steuerungssysteme im Unternehmen
Steger, Handbuch des integrierten Umweltmanagements
Strebel · Schwarz, Kreislauforientierte Unternehmenskooperationen

Ökonomische Energienutzung

Herausgegeben
von
Universitätsprofessor
Dr. Wolfgang Pfaffenberger
und
Universitätsprofessor
Dr. Heinz Strebel

R. Oldenbourg Verlag München Wien

Die Deutsche Bibliothek - CIP-Einheitsaufnahme

Ökonomische Energienutzung / hrsg. von Wolfgang Pfaffenberger und Heinz Strebel. – München ; Wien : Oldenbourg, 1999
(Lehr- und Handbücher zur ökologischen Unternehmensführung und Umweltökonomie)
ISBN 3-486-25196-1

Rosenheimer Straße 145, D-81671 München
Telefon: (089) 45051-0, Internet: http://www.oldenbourg.de

Gedruckt auf säure- und chlorfreiem Papier
Gesamtherstellung: WB-Druck, Rieden

ISBN 3-486-25196-1

Vorwort

Rationelle Energienutzung stößt auch in Deutschland auf wachsendes Interesse. Energie in ihren verschiedenen Formen ist zwar bisher ein relativ billig angebotenes Gut, jedoch spielen die Energiekosten in vielen Industriezweigen eine bedeutende Rolle. Dies überrascht nicht, wenn in Deutschland etwa 80 % des industriellen Energieverbrauchs allein auf die Erzeugung von Prozeßwärme entfallen. Hier ist vor allem an die chemische und an die metallurgische Produktion zu denken.

Die Praxis wird auf den Energieverbrauch besonders dann aufmerksam, wenn hier eine weitere Abgabenbelastung droht, wie aufgrund der Umweltpolitik der gegenwärtigen Bundesregierung. In den skandinavischen Ländern ist die auch hierzulande diskutierte CO_2-Steuer bereits eingeführt, nachdem Dänemark damit 1995 den Anfang gemacht hat. Da sich die Industrieländer im Toronto-Abkommen zu einer bedeutenden Reduktion der CO_2 -Emission verpflichtet haben, wird man solche Abgaben vornehmlich als wirtschaftspolitischen Anreiz zur Verminderung des Energieverbrauchs einsetzen müssen, weniger als Quelle zum Ausgleich von Budgetdefiziten.

Diese Anreizfunktion wird bei Entscheidungen und Maßnahmen von Energieerzeugern und Energieverwendern wirken, welche im Interesse wirtschaftlichen Handelns mit den Kosten ihres Energieeinsatzes rechnen müssen und die im Anschluß daran auch nach energiesparenden Innovationen trachten werden.

Solche Effekte setzen angemessene Wirtschaftlichkeitsrechungen voraus, denen sich das Kapitel „Rationelle Energienutzung“ zuwendet. Dieser Teil der Publikation ist aus einem Projekt „CO_2-Minderungskosten“ des Umweltbundesamtes in Kooperation mit dem Fraunhofer-Institut Systemtechnik und Innovationsforschung (ISI) in Karlsruhe hervorgegangen. Die in Deutschland vorhandenen Potentiale einer rationellen Energienutzung und die hier bestehende Energieeffizienz ist Gegenstand des zweiten Kapitels. Das dritte Kapitel legt den Schwerpunkt auf die *erneuerbare* Energie, insbesondere die in Deutschland vorhandenen Potentiale solcher Energiearten und die gegenwärtige Förderung des Einsatzes erneuerbarer Energie.

Das Buch gibt damit viele Anstöße für eine neue Energiepolitik in Unternehmen, Haushalten, bei öffentlichen Institutionen und im Rahmen der gesellschaftlichen Wirtschafts- und Umweltpolitik.

Frau Filippina Risopoulos-Pichler danken wir für die Layoutierung des Textes.

Wolfgang Pfaffenberger
Heinz Strebel

Inhalt

Seite

Heinz Strebel
Rationelle Energienutzung **1 - 74**

Christoph Otte, Wolfgang Pfaffenberger
Energieeffizienz in Deutschland **75 - 126**

Wolfgang Schulz
Die Förderung erneuerbarer Energie in Deutschland und bestehende Potentiale **127 - 155**

Heinz Strebel

Rationelle Energienutzung

1. VERFAHREN ZUR BEURTEILUNG RATIONELLER ENERGIENUTZUNG (REN) 2

1.1 VORBEMERKUNGEN 2

1.2 REN-ENTSCHEIDUNGEN IN DER UNTERNEHMERISCHEN PRAXIS 11

1.2.1 Theoretische Ansätze und Bezüge zu Praxisproblemen *13*

1.2.2 Entscheidungen über Potentialnutzung *15*

1.2.3 Entscheidungen über Potentialbereitstellung und -erhaltung (Investitionsentscheidungen) *27*

2. AKTEURSPEZIFISCHE ASPEKTE **49**

2.1 RESULTATE UND ABSICHTEN VON ENERGIEEINSATZ UND ENERGIEVERWENDUNG 49

2.2 ENERGIEDIENSTLEISTUNGEN UND CONTRACTING 50

2.3 EINFLÜSSE EXTERNER FAKTOREN 60

2.3.1 Grundsätzliches *60*

2.3.2 Einführung einer Energieabgabe *61*

2.3.3 Einfluß der Wahl von Energiequellen *63*

3. BEISPIELE AUS DER PRAXIS **65**

3.1 BEISPIEL 1 65

3.2 BEISPIEL 2 67

3.3 BEISPIEL 3 67

4. LITERATURVERZEICHNIS **70**

1. Verfahren zur Beurteilung rationeller Energienutzung (REN)

1.1 Vorbemerkungen

Ökonomische Analysen münden stets in Nutzen-Kosten-Untersuchungen, da bei einer ökonomischen Frage definitionsgemäß Nutzen-Kosten-Vergleiche vorgenommen werden. Diese Nutzen-Kosten-Vergleiche bieten die Basis für ökonomische Urteile über die zu bewertenden Sachverhalte ("Bewertungsobjekte"). Bewertungsobjekte sind im folgenden durchgängig Alternativen bzw. Aktivitäten zur rationellen Energienutzung (REN).

Kosten sind "angesichts eines bestimmten Zielplanes und Entscheidungsfeldes resultierende negative Konsequenzen ... einer Aktion".[1] Bei den verfolgten Zielinhalten führen Kosten im betrachteten Entscheidungsfeld zu geringeren Zielbeiträgen ("weiter Kostenbegriff"). Schränkt man den Kostenbegriff auf monetäre Handlungsfolgen ein, so sind Kosten Reduktionen "der die ... monetären Konsequenzen einer Aktion widerspiegelnden Repräsentanzgröße"[2] ("enger Kostenbegriff"). Leistungen sind demgemäß positiv beurteilte Konsequenzen bzw. Zuwächse bei den monetären Konsequenzen einer Aktion.

Kosten sind im Prinzip unerwünscht, allerdings unvermeidlich, wenn man z.B. Produktziele realisieren und damit auch eine Leistung hervorbringen will.

Unter den weiten Kostenbegriff fallen alle einzel(betriebs)wirtschaftlich und volkswirtschaftlich orientierten Kostenauffassungen, also auch die volkswirtschaftlichen oder sozialen Kosten, deren Internalisierung im Interesse umweltpolitischer Anreize verlangt wird.

Dieser Kostenbegriff umfaßt neben den Kosten im engeren Sinne auch alle anderen negativ betrachteten monetären Verzehre oder Abflüsse, wie Aufwendungen, Ausgaben, Auszahlungen sowie alle nichtmonetären Zieleinbußen.[3]

Im vorliegenden Beitrag geht es um rationale Energienutzung in Verbindung mit CO_2-Minderung (CO_2-Minderungskosten). In diesem Kontext müssen zwei unterschiedliche Wirkungen und Kostenkategorien deutlich getrennt werden. Diese sind

1. Kosten durch anthropogene CO_2-Erzeugung, welche auf den in die Natur ausgebrachten CO_2-Emissionen beruhen. Insoweit handelt es sich um volkswirtschaftliche Kosten.

---

1 Ewert/Wagenhofer 1997, S. 28
2 Ewert/Wagenhofer 1997, S. 32
3 vgl. hierzu etwa Schweitzer/Küpper 1998, S. 16ff

2. Kosten zur CO_2-Minderung (Kosten "gegen" CO_2). diese Kosten sind betriebswirtschaftlich ausgerichtet, führen aber im Prinzip auch zur Reduktion negativer externer Effekte und damit volkswirtschaftlicher Kosten. Dies sind zugleich die Nutzen solcher Aktivitäten, soweit nicht auch den bei der CO_2-Minderung agierenden Unternehmen bestimmte Nutzen zuwachsen.

Der Schwerpunkt des Themas liegt auf Pos. 2. Dabei geht es um Aktivitäten zur CO_2-Minderung und daher auch um Kosten im Interesse der CO_2-Minderung. In diesem Kontext ist die Frage der sachgerechten Zuordnung von Kosten, etwa von CO_2-Minderungskosten, von entscheidendem Gewicht.

Produktion ist - technisch betrachtet - jede Umformung oder Umwandlung von Stoff und Energie. Um die Produktion zum gewünschten Resultat zu führen, werden technisch bestimmte Stoff- und Energiearten und -mengen (in betriebswirtschaftlicher Terminologie: Produktivfaktoren) unter technologisch bestimmten (Verfahrens-)-bedingungen in Kombination eingesetzt. Folge davon ist einerseits der "Verzehr" (die Zweckbindung, Umformung, Umwandlung), nämlich von Stoffen und Energie sowie die zeitlich-räumliche Inanspruchnahme, nämlich von Mitarbeitern und technischen Einrichtungen und anderseits die Entstehung eines Produktbündels (mehrerer Kuppelprodukte). Zu diesem Produktbündel gehört bei allen Verbrennungsvorgängen mit kohlenstoffhaltigen Substanzen auch CO_2.

Entsprechend ist zu argumentieren, wenn technische Maßnahmen ergriffen werden, um Prozeßabläufe und daraus resultierende Kuppelprodukte zu verändern.

Dabei sind der Faktoreinsatz und die Produktentstehung reale (empirisch faßbare) Ergebnisse. Die mit solchen Vorgängen verbundenen Kosten und Leistungen sind hingegen nur rechnerische Abbildungen, nicht Konsequenzen der realen Vorgänge. Jedoch lassen sich sowohl diese Kosten als auch die entsprechenden Leistungen den zugrundeliegenden realen Vorgängen bzw. der diese auslösenden ("identischen") Entscheidung, nämlich über die Produktion bzw. über den Prozeßeinsatz unter den gewählten technischen Verfahrensbedingungen, zuordnen. Diese Zuordnung entspricht dem sog. Identitätsprinzip der entscheidungsorientierten Kostenrechnung[4] als Grundlage der modernen betriebswirtschaftlichen Kostentheorie.

Kosten sind nach dem entscheidungsorientierten Kostenbegriff "mit der Entscheidung über das betrachtete Objekt ausgelöste Ausgaben(im Sinne von Zahlungsverpflichtungen) oder Auszahlungen". Opportunitätskosten gehören begrifflich nicht zu diesen Kosten, weil sie nicht auf das realisierte Bezugsobjekt, sondern auf eine nicht gewählte Alternative zurückgehen.[5] Unabhängig von der

[4] Riebel 1993, S. 70ff, S. 528
[5] Riebel 1993, S. 528

begrifflichen Zuordnung sind solche Konsequenzen aber bei Entscheidungen zu beachten.

Die betriebswirtschaftliche Kostenrechnung wird traditionell in Kostenarten-, Kostenstellen- und Kostenträgerrechnung gegliedert. In der Kostenartenrechnung werden die Kosten des Abrechnungszeitraums vollständig erfaßt und nach Art der eingesetzten (verzehrten bzw. zeitlich/räumlich beanspruchten) Güter unterschieden. Eine Kostenart ist somit wertmäßige Abbildung aller im Betrieb zur Leistungserstellung eingesetzten Güter einer bestimmten Beschaffenheit, z.B. kalkulatorische Abschreibungen, Materialkosten, Energiekosten, Personalkosten. Fremdleistungskosten. Diese Unterteilung ist noch sehr grob; so gibt es in Industriebetrieben oft Tausende von Materialarten und daher im Prinzip ebenso viele Materialkostenarten. Einer bestimmten Kostenart gehören - je nach Definition - immer nur bestimmte homogene Gütereinsätze an. Man spricht dann von "reinen" oder "sauberen" Kostenarten.

Der Anspruch nach Homogenität des Inhalts einer Kostenart wird auch aus praktischen Gründen der Kostenrechnung, und hier insbesondere der Rechnung mit Prognose- und Plankosten, erhoben. Die Höhe der Kosten einer homogenen Kostenart richtet sich nämlich funktional nach gewissen Bestimmungsfaktoren, den sog. Kosteneinflußgrößen, z.B. der Produktionsmenge bzw. bestimmten technischen Verfahrensbedingungen. So richten sich die Verbräuche r_i von Montageteilen bei zusammengesetzten Erzeugnissen, z.B. PKWs, in Verbindung mit ihren Stücklisten unmittelbar nach der Produktionsmenge x_k ($r_i = f(x_k)$). Bei der Ammoniaksynthese richtet sich der Energieverbrauch(E) nach der gewünschten Produktionsmenge(x) und nach Synthesedruck(p) und Temperatur(t):

$E = g(p,t,x)$[6]

Derartige funktionale Zusammenhänge bestehen aber nur für eindeutig bestimmte Einsatzgüter, also homogene Kostenarten. Die Beträge einer Kostenart (in Währungseinheiten) ergeben sich dann als rechnerisches Produkt aus der Verbrauchsmenge (dem "Mengengerüst der Kosten") und dem "Faktorpreis", d.h. dem Kostenwert pro Mengeneinheit des eingesetzten Gutes. Arbeitet man mit verschiedenen Faktorpreisen, so müssen die jeweils gleichwertigen Mengen mit ihren Preisen multipliziert, und es muß aus diesen Zwischensummen die Gesamtsumme gebildet werden. Nur bei reinen Kostenarten kann man die Kostenhöhe in der bezeichneten Weise funktional erklären.

In der Praxis arbeitet man auch mit gemischten (zusammengesetzten) Kostenarten, die mehrere reine Kostenarten enthalten. So umfaßt etwa eine Kostenart "Reparaturkosten" Personalkosten, Materialkosten, Energiekosten und Maschi-

[6] Fitzer/Fritz 1989, S. 57ff

nenkosten (kalkulatorische Abschreibungen). Ein funktionaler Zusammenhang zwischen Gütereinsatz und Ergebnis ist dabei nicht darstellbar.

Auch Energiekosten sind im Prinzip eine zusammengesetzte Kostenart. Dies gilt bei Energieerzeugern und bei Energieverwendern gleichermaßen.

Energieerzeuger produzieren aus eingesetzer Energie oder eingesetzten Energieträgern (andere) Energiearten. So entstehen etwa im Kohlekraftwerk aus dem Energieinhalt der Kohle schließlich elektrische Energie und u. a. Abwärme. In diesem Kontext entstehen beim Energieproduzenten für bezogene Energie- und Energieträgerarten Energie- bzw. Energieträgerkosten. Die beabsichtigte Energieart (das Leistungsziel der Produktion) wird an Energieverwender geliefert.

Die Energieverwender setzen diese Energieart für Produktions- oder Konsumzwecke ein. Allerdings wünscht der Energieverwender oft nicht die vom Energieproduzenten gelieferte Energieart, sondern eine andere, die erst aus dem Einsatz der bezogenen Energieart hervorgeht, wie etwa Raumwärme (als "Energiedienstleistung"). So kann elektrische Energie beim Energieverwender eingesetzt werden, um Raumwärme hervorzubringen.

Bei Energieerzeugern wie bei Energieverwendern sind in "Energiekosten" oft Kosten verschiedener Energiearten und Energieträgerarten vermischt. Nur bei sachgerechter Trennung von Energieträger- und Energiearten (reinen Kostenarten) lassen sich wieder die aufgrund technischer Zusammenhänge gültigen Input-Output-Relationen darstellen, und man erhält wieder ein eindeutiges Mengengerüst der Kosten bzw. eindeutige Kostenbeträge.

Bei Energieerzeugern wie bei Energieverwendern werden die Kosten der eingesetzen Energie- und Energieträgerarten für die jeweils produzierten Energiearten aufgewandt, sind also deren Kosten. Allerdings entspricht nur ein Teil des bei Energieumwandlung entstehenden energetischen Outputs der gewünschten Energieart (Nutzenergie, Exergie), der Rest ist aus der Sicht des betrachteten technischen Systems Energieverlust (Anergie). Die Energiekosten sind daher niemals Kosten *einer* bestimmten hervorgebrachten Energieart, sondern stets Kosten der - in einem bestimmten Mengenverhältnis - entstehenden Kuppelprodukte des jeweiligen „Kuppelproduktpäckchens“.[7]

Bei Energieerzeugung und Energieverwendung entstehen auch Kapitalkosten. Kapital ist im Kontext mit Investition und Finanzierung Geld für Investitionszwecke. Wird dieses Geld "eingesetzt", d. h. ausgegeben, z.B. für Kauf oder Miete einer technischen Anlage für Energieerzeugung oder -verwendung, gilt diese Kapital von da ab als "gebunden", d. h. anderen Zwecken entzogen. Es kann z.B. nicht mehr bei einer Bank verzinslich angelegt werden, und der Inve-

[7] Riebel 1993, S. 312 unter Verweis auf v. Stackelberg 1932, S. 55

stor muß auf daraus fließende Zinserträge verzichten. Diese Einbuße gilt als "Opportunitätskosten", nämlich der Investition in die technische Anlage und muß beim Alternativenvergleich als wirtschaftlicher Nachteil einbezogen werden. Kommt das investierte Kapital aus einer Kreditaufnahme (als "Fremdkapital"), so fallen dafür Zinskosten (Fremdkapitalzinsen) an, deren Höhe sich nach Betrag, Zinssatz und Bindungsdauer des Kapitals richten.

Werden etwa für die Erzeugung und Bereitstellung einer Energieart Erlöse erzielt, so fließen mit der Erlöseinzahlung Teilbeträge des gebundenen Kapitals zurück, es wird wieder freigesetzt ("amortisiert").

Sind technische Anlagen für Energieerzeugung und -verwendung durch Kauf oder Selbsterstellung bereits vorhanden, so entstehen für diese Bereitstellung kalkulatorische Abschreibungen als Kosten der Betriebsbereitschaft (Bereitschaftskosten). Diese Kosten werden vom Einsatz dieser Anlagen (ihrer Beschäftigung) nicht beeinflußt, sie sind "beschäftigungsfix".

Die genannten Kostenarten werden bei Kostenrechnungen letztlich Kostenträgern oder anderen Bezugsobjekten zugerechnet.

"Kostenträger" sind in der betriebswirtschaftlichen Kostenrechnung eigene Betriebsleistungen (Produkte, Dienstleistungen). Diese Betriebsleistungen sind entweder zum Verkauf oder zur Vermietung (Fremdnutzung) bestimmt oder (als sog. innerbetriebliche Leistungen) zum Einsatz im eigenen Betrieb. Bei der traditionellen Kostenrechnung werden alle Kosten des Betriebes (die betrieblichen Gesamtkosten) letztlich den veräußerten oder zur Veräußerung bestimmten Betriebsleistungen als den "Kostenträgern" zugeordnet (daher "Vollkostenrechnung"). Nach dem Identitätsprinzip ist dies unzulässig, da nicht alle Entscheidungen und Handlungen im Betrieb die so bezeichneten "Kostenträger" betreffen. Die nicht von Entscheidungen über Betriebsleistungen ausgelösten Kosten müssen daher anderen Objekten ("Bezugsobjekten") zugewiesen werden, z.B. bestimmten Kundenaufträgen, Produktgruppen, Fertigungsstellen oder Betriebsabteilungen). So werden alle Kosten im Betrieb unterschiedlichen Bezugsobjekten zugerechnet, jedoch nicht alle Kosten einer bestimmten Kategorie von Bezugsobjekten. Auch den Betriebsleistungen wird daher nur ein Teil der entstandenen oder künftigen Gesamtkosten angelastet. Eine so arbeitende Kostenrechnung wird daher "Teilkostenrechnung" genannt.

Für die Verrechnung aller Kosten auf die Betriebsleistungen hat die Praxis zwar nachvollziehbare Regeln entwickelt. Diese sind aber betriebswirtschaftlich vielfach nicht begründbar. Auch das übliche Argument, daß alle Kosten durch die Erlöse mindestens gedeckt werden müssen und diese durch Verkauf und Vermietung der Produkte erzielt werden, liefert keinen stichhaltigen Beweggrund, weil für diese Kostendeckung nur garantiert werden muß, daß die Erlöse die Gesamtkosten übertreffen.

Das für sogenannte Kostenträger geübte Vorgehen der Vollkostenrechnung, alle Kosten schließlich diesen Kalkulationsobjekten zuzurechnen, ist auch für Kalkulationsobjekte eingeführt, bei denen keine Erlöse anfallen und die daher allein auf der Basis verursachter Kosten beurteilt werden müssen. Dazu gehören auch die REN-Maßnahmen. Grund dafür sind traditionelle Verhaltensweisen, oft aber auch der Wille zur Vereinfachung. Die Teilkostenrechnung ist nämlich gegenüber der Vollkostenrechnung mit höherem Aufwand verbunden, weil ihre organisatorischen Bedingungen in Unternehmen, die bisher nur mit Vollkostenrechnung gearbeitet haben, erst geschaffen werden müssen.

Verfährt man nach den Prinzipien der Vollkostenrechnung, so werden REN-Maßnahmen mit Kosten belastet, die sie gar nicht verursacht haben. Dies hat zur Konsequenz, daß für die REN-Maßnahmen gegenüber der Realität eine geringere Einsparung ermittelt oder gar eine Kostenerhöhung konstatiert wird. REN-Maßnahmen werden dann oft zurückgestellt, weil man die erwarteten Kostenminderungen als zu gering betrachtet, oder gar unterlassen, weil man per Saldo sogar mit Mehrkosten rechnet.

Die Teilkostenrechnung nach dem Identitätsprinzip hat den Vorzug, daß bei jedem Bezugsobjekt nur solche Kosten und Nutzen (z.B. Erlöse) erscheinen, die durch Entscheidungen über dieses Bezugsobjekt entstehen. Solche Kosten sind "Einzelkosten". Da sie sich immer auf ein bestimmtes Bezugsobjekt beziehen, heißen sie insoweit "relative Einzelkosten". Nur diese sind geeignete Grundlagen für Nutzen-Kosten-Vergleiche und daraus folgende ökonomische Urteile über vorzunehmende Entscheidungen und Handlungen.

Die vielfach "kostenträgerbezogene Kosten" genannten Kostenkategorien passen gleichermaßen in den Vollkosten- und in den Teilkostenansatz. Wegen der notwendigen Entscheidungsorientierung der Kosten- und Leistungsrechnung wird jedoch im folgenden grundsätzlich auf die Teilkosten abgehoben.

Die Frage der entscheidungsorientierten Zuordnung von Kosten führt auch zum Begriffspaar "direkte" und "indirekte" Kosten. Direkte Kosten können dem Bezugsobjekt nach dem Identitätsprinzip unmittelbar zugerechnet werden, weil sie von Entscheidungen über dieses Bezugsobjekt ausgelöst werden. So entsteht der Materialverbrauch für einen Kundenauftrag letztlich durch die Entscheidung über die Auftragsannahme. Mit der Entscheidung über Schaffung oder Aufrechterhaltung von Betriebsbereitschaft entstehen z.B. kalkulatorische Abschreibungen und Personalkosten, z.B. für Aufsichtspersonal. Diese Kosten bleiben so lange bestehen als diese Betriebsbereitschaft aufrechterhalten wird oder aufrechterhalten werden muß. Läßt man z.B. einen Kündigungstermin für Miet-, Leasing- oder

Dienstverträge verstreichen, so können diese Bereitschaftskosten erst mit Wirkung vom folgenden Kündigungstermin abgebaut werden. Bei Gegenständen des Sachanlagevermögens (Maschinen, Fahrzeuge usw.) tritt während der Bereitstellung und Nutzung ein Wertverzehr ein, der durch die kalkulatorischen Abschreibungen berücksichtigt wird. Am Ende der wirtschaftlichen Lebensdauer solcher Gegenstände ist zumeist noch ein Restverwertungswert (Verkaufswert des Gegenstandes oder seines Materialinhaltes) vorhanden. Nur in Höhe dieses Betrages können die Bereitschaftskosten der Sachanlagen dann noch abgebaut werden.

Die Zurechnung indirekter Kosten läßt sich nicht durch ihren Entscheidungsbezug begründen. Indirekte Kosten sind nämlich Kosten, die nicht durch Entscheidungen über das Bezugsobjekt anfallen, sondern aus anderen Gründen und nur bei der Vollkostenrechnung im Zuge der Verteilung aller Kosten auf die Betriebsleistungen weiterverrechnet werden. Bei der Vollkostenrechnung werden z.B. auch die Gehaltskosten der Geschäftsführung den Betriebsleistungen als Kosten zugeordnet, obwohl diese Gehälter von Entscheidungen über Produktion und Verkauf völlig unabhängig sind. In diesem Sinne "indirekte" Kosten sind z.B. auch Kosten für das betriebliche Informationssystem. Solche nicht unmittelbar ("direkt") zurechenbaren Kosten heißen auch "Gemeinkosten". Gemeinkosten sind bei der Vollkostenrechnung alle nicht unmittelbar den Betriebsleistungen zurechenbaren Kosten, bei der Teilkostenrechnung - jeweils aus der Sicht eines bestimmten Bezugsobjektes - alle diesem nach dem Identitätsprinzip nicht zurechenbaren Kosten.

"System" ist in allgemeiner Formulierung eine Menge von Elementen und die Menge der zwischen diesen bestehenden Beziehungen. System kann z.B. ein Energieversorgungsunternehmen, eine Produktionsanlage oder ein Produkt sein. Man kann im Grunde jedes der im folgenden behandelten Beurteilungs- bzw. Kalkulationsobjekte als System interpretieren und in diesem Kontext System als Oberbegriff verwenden.

"Systemkosten" sind dann die Gesamtkosten (Kosten aller Kostenarten innerhalb eines bestimmten Planungszeitraums) dieses Systems, das seinerseits eindeutig definiert und abgegrenzt sein muß. Bei "Systemkosten" muß also zuerst bestimmt werden, für welches System Kosten ermittelt werden sollen. Der Begriff "Systemkosten" ist damit aber immer noch nicht operational definiert, weil diese nur im Kontext mit einem wohldefinierten Problem bestimmt werden können. Die Frage ist etwa, ob es um die Kosten der Vorbereitung und Errichtung eines solchen Systems geht oder um die Kosten des Systembetriebs. Außerdem muß der Planungszeitraum fixiert werden, für den die Kosten ermittelt werden sollen. "Gestehungskosten", z.B. Strom- oder Wärmegestehungskosten ist ebenfalls kein wohldefinierter Begriff. Gestehungskosten meint im Prinzip die Kosten bis zur

Bereitstellung entsprechender Güter beim Nutzer.[8] Soweit der Stromnutzer die elektrische Energie fremdbezieht, sind seine Gestehungskosten das rechnerische Produkt aus Strombezugsmenge und durchschnittlichem Strompreis pro Energieeinheit (kWh). Aufgrund komplizierter aufgebauter Tarifsysteme und Rechnungskomponenten (Verbrauch, Arbeits-, Grund-, Bereitstellungs-, Verrechnungspreis) liegt dieser durchschnittliche Energiepreis nicht offen, sondern muß erst errechnet werden.

Bei Eigenproduktion von elektrischer Energie entsprechen die Gestehungskosten den Gesamtkosten für die Stromproduktion. Hierbei sind alle Kostenarten mit ihren Beträgen einzuschließen, welche durch die Entscheidung für die Eigenproduktion ausgelöst werden. Dies sind bei Vorhandensein der Produktionsanlagen die Kosten für deren Betrieb, soweit er für die zugrundeliegende Produktionsmenge erforderlich ist. Müssen die Produktionsanlagen erst installiert werden, so gehören auch die Kosten für Erwerb bzw. Installation dieser Anlage zu den Kosten der Stromerzeugung. Müssen vorhandene Produktionsanlagen wegen der Entscheidung für Eigenproduktion beibehalten werden, so zählen abbaufähige, aber nun nicht abbaubare beschäftigungsfixe Kosten ebenfalls zu den Kosten der Stromerzeugung.

Bei Gestehungskosten für Wärme ist nicht elektrische Energie, sondern Wärme das gewünschte Gut. Entsprechend sind - bei Fremdbezug wie bei Eigenerstellung - die Kosten für die beabsichtigte Wärmemenge zu bestimmen. In Bezug auf den Stromproduzenten, der letztlich Wärme liefern soll, ist hier die Idee des Least-Cost-Planning von Bedeutung, die Minimalkosten nicht für das Produkt "Strom", sondern für das daraus gewonnene Gut "Wärme" fordert. Zur Ermittlung von Wärmekosten braucht man nicht nur die Stromkosten, sondern auch die Kosten der gesamten Installation zur Umwandlung von elektrischer Energie in Wärmeenergie. Energie- und Installationskosten müssen dann minimiert werden, d. h. in diesem Zusammenhang Minimalkosten bilden. Minimalkosten sind jeweils die bei verschiedenen Alternativen für eine Problemlösung bzw. zur Produktion einer Güterart günstigstenfalls erzielbaren Kosten.

Will man durch Einsatz oder Umgestaltung eines technischen Verfahrens den Output eines Produktionsvorganges ändern, so entsprechen die Kosten dieser Outputänderung den Kosten für Ersatz oder Umgestaltung des Verfahrens. Dies gilt auch für CO_2-Minderungskosten.

Bei allen Rechnungen zum Vergleich der Kosten von Alternativen (Kostenvergleichsrechnungen) kann man die Differenz zwischen den Kosten zweier Alternativen ("Kostendifferenz") als "Kostenersparnis", nämlich der günstigeren Alternative, bezeichnen. Diese Kostenersparnis ist der wirtschaftliche Erfolg bei Realisation der kostengünstigsten Alternative.

---

[8] so etwa bei Fichtner u. a. 1996, S. 504ff

Solche Kostenvergleiche sind auch bedeutsam, wenn es um sog. Backstop-Technologien zur Energieerzeugung geht. Dies sind - bisher nur ansatzweise verfügbare - Technologien, welche die praktisch unerschöpfliche, kostenlos verfügbare Sonnenenergie mit hinreichender Energiedichte verwerten. Die Kosten dieser Energienutzung resultieren aus Entwicklung, Installation bzw. Einsatz der so arbeitenden technischen Verfahren. Man könnte sie auch mit dem Begriff "Backstop-Kosten" belegen.

Auch der Begriff "Transaktionskosten" paßt in die Übersicht der kostenträger-bzw. objektbezogenen Kosten. Transaktionskosten sind Kosten für Information und Kommunikation, die durch die wirtschaftliche Transaktion, also den Leistungsaustausch mit einem Geschäftspartner entstehen, z.B. beim Vertrieb von Produkten gegen Erlös. Nach den Phasen einer solchen Transaktion können sie in Anbahnungs-, Vereinbarungs-, Kontroll- und Anpassungskosten gegliedert werden.[9] Solche Transaktionskosten entstehen auch dann, wenn versucht wird, neue technische Prozesse, etwa zur CO_2-Minderung, kennenzulernen, zu erwerben und zu installieren.

In der Kosten- und Leistungsrechnung und in Entscheidungskalkülen eines Unternehmens werden nur solche Kosten geführt, die dem Betrieb aufgrund seiner früheren Entscheidungen und Handlungen oder für den Fall entsprechender künftiger Entscheidungen und Handlungen erwachsen. Handlungen von Betriebsangehörigen haben aber vielfältige Auswirkungen. Nur ein Teil dieser Auswirkungen führt zu betrieblichen Kosten. Entscheidungen und Handlungen im Betrieb haben jedoch möglicherweise Konsequenzen außerhalb des Betriebes, die von Externen als Nachteile gesehen werden. Solche Nachteile sind Reduktionen ihrer Zielerfüllung, also für die davon Betroffenen Kosten im weiteren Sinne.

Solche Kosten gelten aus der Sicht des Verursachers solcher Wirkungen als extern (externe, volkswirtschaftliche Kosten). Der Grund solcher Kosten sind für die Betroffenen als negativ beurteilte Wirkungen (externe Effekte) von Handlungen des Verursachers. Ein Beispiel sind Emissionen aus Kohlekraftwerken oder Produktionsbetrieben in die Atmosphäre. Diese können zu höheren Immissionswerten führen, von denen alle regional Ansässigen betroffen werden, im Prinzip auch die am Ort befindlichen Verursacher.

Sofern solche Emissionen umweltrechtlich erlaubt und nicht mit öffentlichen Abgaben belegt sind (wie z.B. nach AbwAG), erscheinen sie in Kostenrechnung und Entscheidungskalkülen des Verursachers nicht und haben damit keinen Einfluß auf dessen Entscheidungen und Handlungen. Im Falle der Internalisierung solcher Kosten, z.B. bei Erhebung öffentlicher Gebühren für (erlaubte) Umweltbelastung, werden solche Kosten, fühlbare Höhe vorausgesetzt, zwar im Unter-

---

[9] Picot 1982, S. 267

nehmen registriert, verbessern die Situation der von externen Effekten Betroffenen aber nur insoweit als diese Internalisierung beim Verursacher zu Verfahrensänderung mit Emissionsminderung führt. Trägt der Verursacher diese Belastung ohne Emissionsminderung, so hat man zwar eine ökonomische, jedoch keine ökologische Internalisierung (mit verbessertem Umweltschutz).[10]

1.2 REN-Entscheidungen in der unternehmerischen Praxis

Energieversorger produzieren und verteilen elektrische Energie und sehen daher traditionell die produzierte und verteilte elektrische Energie als Kostenträger.

Diesem Kostenträger läßt sich aber nur ein geringer Teil der Kosten nach dem Identitätsprinzip als (beschäftigungsabhängige) relative Einzelkosten zuordnen. Diese Kosten heißen in der Branche "arbeitsabhängige Kosten" (energy costs). Der größte Teil der Kosten des Energieversorgers sind (kapazitätsabhängige) fixe Bereitschaftskosten (capacity costs). Dazu gehören bestimmte Erzeugungskosten sowie Fortleitungs- und Verteilkosten.[11] Für die Stromerzeugung wird ein Fixkostenanteil von 70 % genannt.[12] Die kapazitätsabhängigen Kosten heißen bei Energieversorgern auch "leistungsabhängige" Kosten. Diese werden nach den Prinzipien der Vollkostenrechnung auf die Leistungseinheiten geschlüsselt, was dort vor allem im Zusammenhang mit der Bestimmung der Abgabepreise bedeutsam ist.[13]

Die bei Energieversorgern gemessenen Abgabewerte an elektrischer Energie sind Nettowerte. Unter Berücksichtigung von Energieverlusten und Energieverbrauch der Energieversorger werden sie in Bruttowerte umgerechnet, welche eine Basis für die Bestimmung der arbeitsabhängigen Kosten bilden.

Die Stromentnahmen der Stromkunden verteilen sich nicht gleichmäßig über die Zeit, sondern konzentrieren sich in unterschiedlicher Weise auf die Zeiteinheiten, sodaß die vom Energieversorger abgegebene physikalische Arbeit pro Zeiteinheit, also die physikalische Leistung, im Zeitablauf schwankt. Auf saisonal oder tageszeitlich schwankenden Strombedarf kann der Energieversorger kaum durch Energiespeicherung, sondern im wesentlichen nur mit Einsatz unterschiedlicher Kraftwerke reagieren.[14] Grundlastkraftwerke (Wasserkraft, Braunkohle) mit hohen fixen und niedrigen variablen Kosten für jahreszeitlich druchgehenden Bedarf; Mittellastkraftwerke (Steinkohle, Kraft-Wärme-Kopplung) mit niedrigen fixen und höheren variablen Kosten für den über den Grundlastbedarf hinausgehenden längerfristigen Bedarf sowie Spitzenlastkraftwerke (öl- und gasgefeuerte

[10] Strebel 1980, S. 31ff
[11] vgl. Schmitt 1993, Sp. 879, Groier 1994, S. 6
[12] Groier 1994, S. 6
[13] vgl. Swoboda 1996
[14] Swoboda 1994, S. 12

Kraftwerke, Gasturbinen, Pumpspeicherwerke) für Spitzenlastzeiten (etwa an kalten Wintertagen vormittags und abends) mit niedrigeren Fixkosten und sehr hohen variablen Kosten. Bei allen Energieversorgungsanlagen entstehen Fixkosten auch durch einen für alle Energieumwandlungsprozesse typischen, lastabhängigen energetischen Grundverbrauch. Die beschäftigungsvariablen Kosten der erzeugten elektrischen Energie sind nicht nur ausbringungsmengenabhängig, sondern variieren auch mit der Anlagenauslastung.

Dies ist eine Besonderheit von Energieumwandlungsprozessen.[15] Der Wirkungsgrad variiert hier mit der abgegebenen physikalischen Leistung, dem Lastgrad, Folglich ist der Kostenverlauf bei vielen Energieumwandlungsprozessen vom Verlauf des Lastgrads abhängig, allerdings nicht mit einem linearen, sondern mit einem kubisch-parabolischen Verlauf der Form $K(x) = a + bx + cx^2 + ... + hx^n$ ($n > 3$). Diese Gegebenheiten sind in der Elektrizitätswirtschaft wirtschaftlich so bedeutsam, daß hier versucht wird mithilfe der Netzleittechnik die variierende Gesamtlast so auf alle verfügbaren Kraftwerke zu verteilen, daß die Gesamtkosten minimiert werden.

Wenn Energieversorger Energieersparnisse erzielen, kommt es für deren ökonomischen Wert also darauf an, in welche Zeit sie fallen: Sommer oder Winter, Tages- oder Nachtzeit etc..[16]

Die Leistungsanforderungen der Kunden im Zeitablauf werden aus technischen und wirtschaftlichen Gründen nicht durchgängig erfaßt, vielfach nur mithilfe repräsentativer Stichproben ermittelt.[17] Allerdings wird bei gewerblichen Kunden der Spitzenlastbedarf registriert und danach sogar regelmäßig der individuelle Tarif bestimmt, was mit den steigenden Kosten bei Überlast zusammenhängt.

Die Kalkulation der Energieversorger hat auch Einfluß auf die Beurteilung von REN-Maßnahmen bei den Energieverwendern. Erzielt man dort nämlich Energieersparnisse, so macht es für deren Kostenwert einen wesentlichen Unterschied, ob dadurch die Spitzenlast reduziert wird oder nicht.

Energie- bzw. Energieträgerkosten lassen sich bei den Energieverwendern nur insoweit als Einzelkosten behandeln als sich ihr Energieverbrauch eindeutig auf die Endprodukte beziehen läßt, wie z.B. bei der Aluminiumelektrolyse. Ansonsten sind Energiekosten als Produktgemeinkosten zu behandeln. Hauptgrund dafür ist die Abhängigkeit der Kosten nicht von der Ausbringungsmenge ("Beschäftigung"), sondern von Produktionsverfahren mit den dort herrschenden technischen Verfahrensbedingungen und der Prozeßdauer.

---

[15] zum folgenden vgl. Gälweiler 1981, Sp. 467ff

[16] Swoboda 1994, S. 12

[17] vgl. Groier 1994, S. 14

Bei energierelevanten Maßnahmen kommt hinzu, daß Energieeinsatz stets Energieumwandlung in mehrere Energiearten bedeutet ("Kuppelproduktion"). Auch in Industriebetrieben treten bei Energieumwandlungsprozessen vor allem Elektrizität und Wärme als Kuppelprodukte auf. Die kennzeichnenden Merkmale der Kuppelproduktion sind.[18]

- Herstellung von mindestens zwei Outputarten ("Kuppelprodukte")
- in ein und derselben Anlage
- aus ein und demselben Prozeß
- unter Einsatz von Stoff- und Energiearten.

Bei Kuppelprodukten gibt es keine logisch begründbare Möglichkeit, Produktionskosten bzw. Kostenminderungen einzelnen Kuppelprodukarten zuzurechnen.

Diese Hinweise prägen auch die theoretischen Ansätze für REN und ihre Bezüge zu Praxisproblemen.

1.2.1 Theoretische Ansätze und Bezüge zu Praxisproblemen

Wirtschaftlichkeitsrechnungen bzw. Entscheidungsmodelle haben die Aufgabe, die zielrelevanten Folgen (die Zielwirkungen) bei Realisation einer Alternative zu prognostizieren. Auf der Grundlage dieser zielrelevanten Folgen wird die Präferenzordnung der bekannten Alternativen ermittelt, welche dann die Grundlage zur wirtschaftlichen Entscheidung bildet.

Nach der Anzahl der dabei berücksichtigten Zielwirkungen kann man eindimensionale und mehrdimensionale Verfahren trennen. Eindimensionale Verfahren berücksichtigen nur Handlungsfolgen für *ein* Ziel, mehrdimensionale Verfahren Handlungsfolgen für *mehrere* Ziele.

Formal bedeutet dies, daß Verfahren mit nur einer Zielwirkung unmittelbar eine Präferenzordnung der Alternativen hervorbringen, da sich die Präferenzordnung nach der Höhe des berücksichtigten Zielbeitrages richtet und die Alternative mit dem höchsten Zielbeitrag an der Spitze der Präferenzordnung steht.

Eindimensionale Verfahren zur ökonomischen Beurteilung von Alternativen bewerten Kosten und Nutzen grundsätzlich in Geld (Währungseinheiten). Nichtgeldliche bzw. nicht in Geldgrößen transformierbare Entscheidungs- und Handlungsfolgen kommen daher im Rechenergebnis nicht zum Ausdruck und können folglich die Präferenzordnung nicht beeinflussen.

---

[18] vgl. Piller/Rudolph 1991, S. 21

Soweit eindimensionale Verfahren auf ökologische Entscheidungs- und Handlungsfolgen gerichtet sind, können sie ebenfalls ein- oder mehrdimensional konzipiert sein. Eindimensional ist z.B. ein ökologisches Beurteilungsmodell, das nur CO_2-Wirkungen beachtet. Im allgemeinen müssen aber bei ökologisch orientierten Analysen *mehrere* Emissionsarten oder Schadstoffwirkungen berücksichtigt werden. Man hat dann dieselben Gewichtungs- und Amalgamierungsprobleme wie bei den mehrdimensionalen ökonomischen Entscheidungsmodellen.[19]

Allerdings gibt es für die ökologische Bewertung schon mehrere Ansätze, die versuchen, die ökologische Knappheit von Stoffen und Energiearten sowie die Schadwirkungen von Rückständen aus Produktion und Konsum mit einer einheitlichen Dimension zu erfassen und so auch Präferenzordungen von Alternativen zu bilden.[20]

Eindimensionale ökonomische Verfahren der Wirtschaftlichkeitsrechnung arbeiten mit der Dimension „Währungseinheiten". Für diese Verfahren ist zunächst das Gliederungskriterium "zeitlicher Bezug" wichtig.

Bei den sog. statischen Verfahren werden die verwendeten Rechengrößen nur *einem* bestimmten Planungszeitraum zugeordnet, in der Regel einem Jahr. "Statisch" hat hier (auch) den Sinn von "einperiodig". Exakte Zeitpunkt des Entstehens ökonomischer Wirkungen, die mit den verwendeten Rechengrößen abgebildet werden, sind irrelevant. Dies bedeutet z.B., daß ein Kostenbetrag von DM 1.000,-- am Anfang eines Planungszeitraums einem Kostenbetrag von DM 1.000,-- am Ende des Planungszeitraums gleichgesetzt wird. Umfaßt der Planungszeitraum mehrere Jahre und verteilen sich daher die Rechnungsgrößen auf mehrere Jahre, so ist auch hier der genaue Zeitpunkt des Anfalls im statischen Verfahren bedeutungslos. Rechnet man die Größen auf ein Jahr um, so bildet man Jahresdurchschnittswerte.

Bei statischen Verfahren gibt es zwar Zinsen (z.B. kalkulatorische Zinsen der Kostenrechnung), aber keine Zinseszinsen, weil diese(nur bei dynamischen Verfahren) dazu verwendet werden, um zeitlich unterschiedliche Werte übereinstimmender Geldbeträge (z.B. von Zahlungen) zu bestimmen.

Bei den sog. dynamischen Verfahren ist der Eintrittszeitpunkt eines Vorganges wesentlich. Eine Einzahlung von DM 1.000,- zu Beginn des Planungszeitraums verkörpert nämlich einen höheren Wert als eine gleich hohe Einzahlung am Ende des Planungszeitraums. Der Grund hierfür liegt darin, daß die dynamischen Verfahren Zinsen und Zinseszinsen berücksichtigen. Ein zu Beginn des Planungszeitraums verfügbarer Geldbetrag von DM 1.000.- kann bis zum Ende des Pla-

[19] vgl. 1.3.3

[20] etwa Müller-Wenk 1978, Ahbe/Braunschweig/Müller-Wenk 1990, Braunschweig/Müller-Wenk 1993, Schaltegger/Sturm 1992, Schaltegger/Müller/Hinrichsen 1996)

nungszeitraums verzinslich angelegt werden und wächst entsprechend an. Dieser Geldbetrag verkörpert am Ende des Planungszeitraums einen höheren Wert als zu dessen Beginn. Ein erst am Ende des Planungszeitraums eingehender Geldbetrag trägt vorher keine Zinsen. Man kann nun ausrechnen, welcher am Beginn des Planungszeitraums verfügbare Betrag unter Berücksichtigung von Zinsen und Zinseszinsen am Ende des Planungszeitraums einen Wert von DM 1.000.- erreicht. Dieser Wert wird - in Bezug auf den Bezugszeitpunkt - "Barwert" genannt. Der Wert im Zeitpunkt des Zuflusses (bei Auszahlungen: des Abflusses) heißt dagegen Zeitwert. Der Barwert einer späteren Zahlung ist also geringer als ihr Zeitwert. Der Barwert einer früheren Zahlung ist höher als ihr Zeitwert.[21]

Die beschriebenen Unterschiede zwischen statischen und dynamischen Verfahren der Wirtschaftlichkeitsrechnung rühren daher, daß statische und dynamische Verfahren jeweils mit unterschiedlichen Rechengrößen und unterschiedlichen Bezugsperioden arbeiten. Die statischen Verfahren sind einperiodige Rechnungen, auch mit Rentabilitätsgrößen, aber auch mit Kosten- und Erlösgrößen (u. a. Kostenvergleichs-, Gewinnvergleichs-, Amortisationsvergleichsrechnung). Bezugsperiode ist regelmäßig das Kalenderjahr. Rechengröße ist die zeitpunktunabhängige Währungseinheit, d. h. es wird mit den jeweiligen Zeitwerten gerechnet. Beträgt der Planungszeitraum mehr als ein Jahr, so rechnet man mit Jahresdurchschnittswerten.

Die Bezugsperiode der mehrperiodigen Rechnungen umfaßt prinzipiell mehrere Kalenderjahre, jedoch wird das Kalenderjahr hier als Zeit*einheit* behandelt. Rechengröße ist die zeitpunktabhängige Währungseinheit, also der jeweilige Barwert. Dynamische Verfahren sind mehrperiodig angelegt.

1.2.2 Entscheidungen über Potentialnutzung

Bestimmte Wirtschaftlichkeitsrechnungen sind von ihrer Konstruktion her auf Entscheidungen zur Nutzung vorhandener Potentiale zugeschnitten. In diesem Kontext und auch in der Praxis werden vor allem Kosten- und Kostenvergleichsrechnung angewandt.

Versucht man, die Kosten zur Erreichen eines bestimmten Zwecks zu ermitteln, müssen die Beträge aller Kostenarten zusammengefaßt werden, die zur Zweckerreichung aufgewendet werden müssen. Will man z.B. bei einem Verbrennungsvorgang eine bestimmte CO_2-Minderung erreichen, so sind alle dafür anfallenden Kosten der Verfahrensänderung bzw. der Änderungen der Verfahrensbedingungen zu ermitteln und zu addieren. Dies ist allerdings noch keine Wirtschaftlichkeitsrechnung. Wirtschaftlichkeitsrechnungen vergleichen nämlich stets die Ko-

[21] vgl. auch 1.3.1.2

sten(bzw. Kosten und Nutzen) von Alternativen und versuchen, die günstigste Alternative zu ermitteln.

Eine Wirtschaftlichkeitsrechnung, welche die Kosten von mindestens zwei Alternativen zur Erreichung eines bestimmten Zwecks (z.B. Minderung von CO_2) bzw. zur Produktion einer bestimmten Produktmenge ermittelt, heißt Kostenvergleichsrechnung. Bei dieser Kostenvergleichsrechnung werden nach dem Identitätsprinzip jeder Alternative alle Kosten zugeordnet, die bei Realisierung dieser Alternative (zusätzlich) entstehen(relative Einzelkosten). Dazu gehören sämtliche Bereitschaftskosten, etwa die Bereitschaftskosten neu beschaffter Maschinen, und zwar für den gesamten Planungszeitraum. Sofern diese Kosten bis zu dessen Ende nicht völlig abgebaut werden können, müssen auch die nicht abbaufähigen Kosten dieser Alternative zugerechnet werden.

So können die Kosten aus dem Kauf eines Geschäftswagens nur in der Höhe eines späteren Verkaufserlöses abgebaut werden. Die Kosten aus Kauf oder Selbsterstellung einer Produktions- oder einer Energieerzeugungsanlage sind nur in Höhe eines Resterlöswertes am Ende der wirtschaftlichen Lebensdauer abbaufähig. Bei gemieteten Anlagegegenständen müssen die Mietkosten bis zum Ende des Mietverhältnisses, also auch unter Beachtung versäumter Kündigungstermine, eingerechnet werden. Entsprechend gehören zu den Personalkosten alle Kosten bis zum rechtswirksamen Ausscheiden von Mitarbeitern, die zur Ralisation einer Alternative eingestellt oder weiterbeschäftigt worden sind, es sei denn, sie können bei Aufgabe der Alternative intern so umgesetzt werden, daß ihre künftige Verwendung an anderer Stelle zusätzliche Personalkosten vermeidet.

Solche Bereitschaftskosten heißen auch beschäftigungsfixe Kosten, weil ihre Höhe vom Ausmaß der Beschäftigung (z.B. der Produktionsmenge) nicht beeinflußt wird.

Wie schon die obigen Hinweise zeigen, muß man bei der Ermittlung der relativen Einzelkosten von Alternativen auch beachten, welche beschäftigungsfixen Kosten bei Realisation der Alternative abgebaut werden können. Abbaufähige beschäftigungsfixe Kosten liegen vor, wenn der Ersatz abgenutzer Anlagen entfällt, weil diese Anlagen künftig nicht mehr benötigt werden. Installiert man etwa zur Deckung der Spitzenlast Gasturbinen, um mithilfe des Einsatzes von Erdgas bei hohem Wirkungsgrad Elektrizität zu gewinnen und entfällt damit der Dampfbedarf völlig, so kann die Ersatzinvestition für Kesselanlagen unterbleiben. Entsprechend sind wegfallende Personalkosten zu beachten,[22] die bei solchen Aktionen manchmal vergessen werden.

Außerdem gehören zu den Kosten der Alternative alle damit verbundenen beschäftigungsabhängigen (z.B. produktionsmengenabhängigen) Kosten, z.B. für

[22] z.B. für Kesselwart

Material und Energie, die in der Betriebswirtschaftslehre beschäftigungsvariable Kosten genannt werden. Der Einfachheit halber unterstellt man oft einen linearen Zusammenhang zwischen Beschäftigung und beschäftigungsvariablen Kosten und spricht dann auch von "beschäftigungsproportionalen" Kosten.

Hier sind auch wegfallende beschäftigungsproportionele Kosten in Rechnung zu stellen, wie sie - etwa im genannten Beispiel - mit einer Erhöhung des thermischen Wirkungsgrades bei REN-Maßnahmen einhergehen.

Als Kostenminderungen bei Ersatz- oder Rationalisierungsinvestitionen dürfen damit künftig vermiedene Schäden nicht vergessen werden. Bekannt sind hier die umfangreichen Verluste von Frischwasser durch korrodierte Leitungen und die Konsequenzen des Abfließens ungereinigter Abwässer aus schadhaften Rohren, die bei Ersatz solcher Leitungen behoben sind. Auch Gas- oder Ölverluste lassen sich durch Abdichten von Leckagen oder Erneuern von Pipelines vermeiden. Schließlich entsteht im Betrieb bei Verzicht auf Abwärmenutzung anderswo Wärmebedarf, der mit kostspieligem Fremdbezug, bei Eigenbedarfsdeckung mit Verzehr von Energieträgern, gedeckt werden muß. Solche vermeidbaren Wertverzehre sind regelmäßig für mehrere Jahre in Rechnung zu stellen und können durchaus einen Teil der Investitionen amortisieren. Diese Beispiele zeigen im übrigen, daß auch Umweltschutzmaßnahmen mit Kostenvorteilen einhergehen, vor allem bei längerfristiger Betrachtung.

Vergleicht man zwei Produktionsverfahren, deren Ausbringungsmengen im Bezugszeitraum nicht übereinstimmen, so muß man im Prinzip die Kosten pro Leistungseinheit gegeneinanderhalten.

Ein Problem bei der Kostenvergleichrechnung ist der Umstand, daß sich nicht alle Kosten einzelnen Rechnungsperioden zuordnen lassen. Bei der Bereitstellung einer Produktionsanlage (Kauf, Selbsterstellung, Miete) entstehen nämlich Kosten für die Betriebsbereitschaft dieser Anlage innerhalb eines längeren Zeitraums, z.B. zehn Jahre. Diese Kosten entstehen unabhängig davon, ob und wieviel mit dieser Anlage produziert wird. Sie heißen ja daher auch beschäftigungsfixe Kosten.

Soll die Betriebsbereitschaft etwa für zehn Jahre aufrechterhalten bleiben, so können und müssen die Bereitschaftskosten diesen zehn Jahren zugeordnet werden, weil das Entscheidungsobjekt die Betriebsbereitschaft der betrachteten Anlage von zehn Jahren ist. Man darf diese Kosten daher nicht auf einzelne Betriebsjahre aufteilen.

Das Einkommensteuerrecht fordert allerdings, die Anschaffungs- oder Herstellungskosten einer solchen Anlage (als Absetzung für Abnutzung) auf die dort vorgesehene betriebsgewöhnliche Nutzungsdauer zu verteilen (§ 7 Abs. 1 S. 2

EStG), und zwar beginnend mit der Anschaffung oder Herstellung des Anlagegegenstandes. Hat ein solches Objekt etwa eine betriebsgewöhnliche Nutzungsdauer von fünf Jahren und wird linear abgeschrieben, so fließt dem Investor für die ersten fünf Jahre der Lebensdauer der Anlage ein Ertrag zu, der dem rechnerischen Produkt aus Jahresabschreibung und Grenzsteuersatz entspricht. Die dadurch per Saldo eintretende Kostenminderung und die davon beeinflußte Präferenzordnung der Alternativen wird von der Zuordnung der steuerlichen Abschreibung lediglich auf die ersten Jahre der betriebsgewöhnlichen Nutzungsdauer bei einer statischen Rechnung nicht berührt. Bei einer dynamischen Rechnung reduziert die zeitliche Zuordnung der Abschreibungen auf die ersten Jahre der betriebsgewöhnlichen Nutzungsdauer die netto verbleibende Wertminderung allerdings weniger stark als bei einer Verteilung der Abschreibungen auf die Gesamtlebensdauer. Die Frage, ob sich dies auch auf die Präferenzordnung der Alternativen auswirkt, bedarf allerdings weitergehender Analysen.

Die Kosten der Betriebsbereitschaft (Abschreibungen) für einen Gegenstand des Sachanlagenvermögens (Maschine etc.) stimmen insgesamt mit den Anschaffungs- oder Herstellungsausgaben (bilanzrechtlich: Anschaffungs- oder Herstellungs*kosten*), vermindert um den Restverwertungswert am Ende der wirtschaftlichen Lebensdauer überein. Diese Beträge erscheinen auch in der dynamischen Wirtschaftlichkeitsrechnung, und zwar als Investitionsauszahlung bzw. als Resterlöswert (Bestandteil des letzten Rückflusses der Zahlungsreihe.[23] Einmalig (zu Beginn der Investition) anfallende Investitionsausgaben (-auszahlungen) werden auch oft als "Investitionskosten" bezeichnet.

Bei der betriebswirtschaftlichen Beurteilung von Alternativen und Handlungen richtet man sich nach zu erwartenden Nutzen und Kosten. Zu den Nutzenbestandteilen gehören auch anrechenbare Steuervergünstigungen, was in der Praxis von einigem Gewicht ist.

Zur Ermittlung dieser Steuervorteile werden zunächst diejenigen Aufwendungen bestimmt, die einkommensteuerrechtlich zu den abziehbaren Betriebsausgaben gem. § 4 Abs. 4 EStG gehören. In diesem Zusammenhang ist auch an die Abschreibungen (als "Absetzungen für Abnutzung oder Substanzverringerung"(AfA) zu denken. Diese darf man steuerrechtlich allerdings nicht dem gesamten Nutzungszeitraum zugeordnen, sondern sie müssen, wie bereits erwähnt, auf die Jahre der betriebsgewöhnlichen Nutzungsdauer verteilt werden (§ 7 Abs. 1 S. 2 EStG), und zwar beginnend mit der Anschaffung oder Herstellung des Anlagegegenstandes.

Das Einkommensteuerrecht begünstigt allerdings bestimmte Investitionen auch durch *erhöhte* Absetzungen und Sonderabschreibungen. Auch im Zusammenhang mit Energieversorgung und -nutzung erlaubt § 4 Fördergebietsgesetz

[23] vgl. 1.2.3

(BGBl. I, S. 1654) für Standorte in den neuen Bundesländern Sonderabschreibungen bis 50 % der Anschaffungs- oder Herstellungskosten. Speziell bei Anlagen zur Energiegewinnung und -bewirtschaftung kann der Steuerpflichtige nach § 82 a EStDV (BGBl. III/FNA 611-1-1) im Jahr der Herstellung und in den folgenden neun Jahren anstelle der nach § 7 Abs. 4 oder 5 oder § 7 b EStG zu bemessenden AfA jeweils bis zu 10 % absetzen, was für einen Teil der Nutzungsdauer Mehrabschreibungen bis zu 7,5 %-Punkte der Anschaffungs- oder Herstellungskosten bedeuten kann. Allerdings gilt § 82 a EStDV nur für spätestens bis 31.12.1991 fertiggestellte Anlagen.

Dazu ermäßigt sich bei "Unternehmen, die elektrische Arbeit durch Wasserkräfte erzeugen, die Einkommensteuer oder die Körperschaftsteuer, die auf den Gewinn aus den steuerbegünstigten Anlagen entfällt ... ab dem Betriebsbeginn für die Dauer von zwanzig Jahren auf die Hälfte der gesetzlichen Beträge" (§ 4 VO über die steuerliche Begünstigung von Wasserkraftwerken, BGBl. III 610-6-2).

Schließlich gibt es für Investitionen in den neuen Bundesländern Investitionszulagen bis zu 20 % der Anschaffungs- oder Herstellungskosten (InvZulG 1996, BGBl. III FNA 707-6-1-5).

Solange diese steuerlichen Vorteile gelten, entfällt auf die Steuerermäßigung aus der Absetzung für Abnutzung gem. § 7 EStG nur einen Bruchteile des steuerlichen Gesamtnutzens. Aber auch wenn man die gesamten Betriebsausgaben betrachtet, ist der Anteil der AfA an diesem Posten bei langer Nutzungsdauer oft bescheiden. Variiert man bei relativ langlebigen Anlagegegenständen die Dauer der betriebsgewöhnlichen Nutzungsdauer, so verändert sich auch die AfA nicht wesentlich. Bei einer betriebsgewöhnlichen Nutzungdauer von 20 Jahren und linearer AfA von 5 % (wie lt. AfA-Tabelle für Großanlagen der Energie- und Wasserversorgung) hat man gegenüber einer Nutzungsdauer von 15 Jahren und linearer Afa von 7 % (wie lt. AfA-Tabelle für Dampferzeugungs- und verteilungsanlagen und kleinere Anlagen der Stromerzeugung) keinen entscheidenden Unterschied. Demzufolge müßten betriebsgewöhnliche Nutzungsdauern von REN-Investitionen steuerrechtlich schon maßgeblich verkürzt werden, um ihnen einen deutlich fühlbaren steuerlichen Vorteil zu verschaffen.

In jedem Falle ist die Ausrichtung der Praxis am einkommensteuerlichen Abschreibungsmodus nicht unproblematisch. Bei dieser Orientierung nimmt man nämlich nach Ende der (steuerlichen) betriebsgewöhnlichen Nutzungsdauer überhaupt keine Abschreibung mehr vor, obwohl die wirtschaftliche Lebensdauer des Anlagegegenstandes noch anhält. Dies kann Ersatzinvestitionen möglicherweise rechnerisch benachteilen. Zwar wird auch bei diesen die Belastung durch die AfA um das rechnerische Produkt aus AfA und Grenzsteuersatz reduziert, aber die Altanlagen sind überhaupt nicht mehr mit Abschreibungen belastet. Dieser Effekt ließe sich mildern, wenn man für die Bemessung betriebswirtschaftlicher Abschreibungen gegenüber den einkommensteuerrechtlichen Abschreibungszeiträumen mit (längeren) betriebswirtschaftlichen Nutzungsdauern arbeitet und die Anlage über den gesamten Zeitraum abschreibt.

1.2.2.1 Entscheidungen über Eigen- oder Fremderzeugung von Energiearten

Die Frage der Zurechnung von Kosten auf Kostenträger interessiert betriebswirtschaftlich auch im Kontext mit innerbetrieblichen Leistungen. Diese sind Produktionsergebnisse des Unternehmens, die nicht zum Verkauf oder zur Vermietung an andere bestimmt sind, sondern als Betriebsmittel bzw. als stoffliches oder energetisches Zwischenerzeugnis wieder in die eigene Produktion gehen. Dabei kann eine gewisse Produktart - jeweils in bestimmten Mengen - sowohl als innerbetriebliche Leistung wie auch als Marktleistung dienen. So benötigt z.B. auch ein Energieversorgungsunternehmen einen Teil der vom ihm erzeugten Energie für die eigene Produktion.

Für Wirtschaftlichkeitsüberlegungen müssen auch den betrieblichen Innenleistungen ihre Einzelkosten zugeordnet werden. So ist die Ermittlung dieser Einzelkosten nicht nur eine verrechnungstechnische Aufgabe, sondern ist auch bei der Frage zu klären, ob bestimmte Leistungsarten in bestimmten Mengen selbsterstellt oder aber fremdbezogen werden sollen.

Ist Fremdbezug einer Leistungsart in der geforderten Menge möglich und richtet sich die Entscheidung nach Kostengründen, so müssen die Einzelkosten dieser Leistungsart bei Eigenerstellung und bei Fremdbezug ermittelt und miteinander verglichen werden. Diese Frage stellt sich zwar nicht nur bei Entscheidungen über Potentialnutzung, sondern auch bei Entscheidungen über Potentialbereitstellung. Dort hat sie allerdings langfristigen Charakter, weil sie im Kontext mit der grundsätzlichen Frage steht, ob eine bestimmte Leistungsart ins eigene Leistungsprogramm (den Katalog dauerhaft produzierter Leistungen) genommen werden soll und daher künftig auch über entsprechende betriebliche Produktionspotentiale verfügen muß. Bei der Potentialnutzung gehört die Frage "Eigen- oder Fremdleistung" hingegen zu den kurzfristigen Problemen, die häufiger und - je nach Beschäftigungssituation - unterschiedlich gelöst werden müssen.

Sind entsprechende Potentiale bereits vorhanden, so sind auch bei Energieerzeugung ausschließlich die Kosten der Potential*nutzung* in Rechnung zu stellen. Diese bestimmen sich allerdings nach der Beschäftigungslage des Betriebes. Hat der Betrieb noch freie Potentiale (ist er "unterbeschäftigt"), so sind nur beschäftigungsvariable Kosten anzusetzen, die bei der Energieproduktion bekanntlich nicht nur von der Ausbringungsmenge, sondern auch von der technischen Anlagenauslastung bestimmt werden.[24] Hat der Betrieb hingegen im Planungszeit-

[24] vgl. S. 11

raum keine freien Potentiale mehr (ist er "vollbeschäftigt"), so sind im Falle der Eigenerzeugung neben den beschäftigungsabhängigen Kosten auch die sog. Opportunitätskosten zu berücksichtigen. Diese bestehen aus den (verdrängten) Dekkungsbeiträgen solcher Energiemengen, die man deshalb nicht produzieren und gegen Erlös absetzen kann, weil man den Energiebedarf mit Eigenerzeugung deckt und damit entsprechende Potentiale blockiert.

Zum Entscheidungsproblem Eigenerstellung oder Fremdbezug von Energie wird zunächst auf folgendes Beispiel verwiesen.[25]

Bei der Herstellung von Kunststoffflaschen wird der warme Kunststoff mithilfe von Druckluft in die Blasformen eingebracht. Für die Kühlung der Blasformen und des Hydrauliköls in den Blasmaschinen benötigt man Kälte.

Aufgrund des hohen Kältebedarfs ist bei einem baden-württembergischen Hersteller untersucht worden, ob der Kältebedarf reduziert, die Kälteerzeugung wirtschaftlicher gestaltet und ob mit einer Kälte-Kraft-Kopplung der Elektroenergiebezug durch Eigenstromerzeugung vermindert werden könne. Der Stromverbrauch des Betriebes lag 1995 bei etwa 16 Mio. kWh pro Jahr mit einer maximalen Leistung von 3000 kW. Insgesamt liegen die Energiekosten in der kunststoffverarbeitenden Industrie bei einem Anteil von 2 - 3 % der Produktionskosten.

Zunächst ist die Kühlung für die Blasformen und die Hydraulikölkühlung getrennt worden. Die Formkühlung konnte dann mit in Kältemaschinen erzeugtem Kaltwasser und die Hydraulikölkühlung als offener Kühlturmwasserkreislauf mit den vorhandenen Kühltürmen realisiert werden. Vor der Trennung der Kühlkreisläufe betrug der Jahresstromverbrauch der Kälteerzeugung und –verteilung ca. 1,8 Mio kWh/Jahr bei einer mittleren elektrischen Leistung von 310 kW. Durch die Trennung konnte der Stromverbrauch um 0,75 Mio kWh/Jahr (über 40 %) und die elektrische Leistung um ca. 130 kW (über 40 %) reduziert werden. Entsprechend hat sich der Fremdenergiebezug vermindert.

Durch die Trennung der Kühlkreisläufe ließ sich auch die Kühlleistung bei der Formkühlung erhöhen, so daß die zusätzlich notwendige CO_2-Einblasung um ca. 25 % gesenkt werden konnte.

Wegen der realisierten Sparmaßnahmen konnte man auf den Betrieb von vier der ursprünglich eingesetzten Kältemaschinen verzichten und benötigt nur noch 2 - 3 Maschinen. Dies führt bei den nun stillgelegten Maschinen zum Wegfall der Betriebskosten und zu reduzierten Wartungs- und Instandhaltungskosten. Möglicherweise kann dadurch Personal freigesetzt werden, was zum Abbau von Personalkosten führt.

[25] vgl. Wirtschaftsministerium Baden-Württemberg/ISI o.J., S. 1

Die zur Trennung der Kühlkreisläufe vorgenommen Investitionen amortisieren sich nach Angaben des Unternehmens durch diese Kostenminderungen in etwa zwei Jahren.

Die Kosten der Eigenerzeugung (Potentialnutzung) interessieren auch dann, wenn die Alternative "Fremdbezug" gar nicht zur Diskussion steht. Aus wirtschaftlicher Sicht ist nämlich immer zu prüfen, ob die bisherige Arbeitsweise noch Verbesserungen zuläßt, im dem hier betonten Kontext also, ob noch ungenutzte Möglichkeiten rationeller Energienutzung existieren.

So haben weitere Untersuchungen in dem erwähnten Betrieb der Kunstoffverarbeitung gezeigt, daß zur Kühlung der Blasmaschinen eine weit geringere Kälteleistung erforderlich ist, so daß die Kälte-Kraft-Kopplung aufgegeben werden konnte. Ferner sind bei der erwähnten Betriebsumstellung weitergehende Möglichkeiten der Wärmerückgewinnung identifiziert worden, die in den vorhandenen Heizkreislauf der Warmwasserheizung eingebunden werden konnten.

Zu den beschäftigungsvariablen Kosten bei Fremdbezug von Energie gehören neben den eigentlichen Bezugskosten für Energie bzw. für Energieträger frei Abrechnungsgrenze des Betriebes weitere Kostenbestandteile, die auch bei Eigenerzeugung anfallen. Dabei ist jedenfalls an die Energieumwandlungs- und -verteilungkosten zu denken. Die bei Energieumwandlung, -verteilung und -einsatz auftretenden Energie*verluste* sind allerdings schon in den Bezugskosten enthalten, da die bezogene Energiemenge immer entsprechend über der genutzten Nutzenergiemenge liegen muß. Energieeinsätze, welche die Produktionsanlagen in einen einsatzbereiten Zustand (z.B. Temperaturnivau bei Glühöfen oder Blindspannung bei Elektromotoren) versetzen, gehören zu den beschäftigungsfixen Kosten, Energie für die stoffliche Transformation von Erzeugnisstoffen gehört hingegen zu den beschäftigungsabhängigen Kosten.[26]

In diesem Kontext wird auch in der Literatur kritisch auf die in der Praxis beobachtete Vernachlässung der *nach* dem Energiebezug anfallenden Kosten hingewiesen, wobei so wichtige Kostenarten, wie Abschreibungen, Personalkosten, weitere Energieträgerkosten und Umweltaufwendungen unter "energierelevante Nebenkosten" gefaßt werden.[27] Es nimmt dann nicht wunder, daß man bei Korrektur der unvollständigen Rechnung mit Kostensteigerungen bis über 200 % rechnet und die wirtschaftliche Beurteilung zu vergleichender Alternativen daher wesentlich geändert werden muß.[28] Eine Detailgliederung für Kostenarten findet sich auch in VDI 3800 (1979),[29] die sich allerdings nur auf "Anlagen und Maß-

[26] Layer 1996, Sp. 388
[27] so Fünfgeld 1997, S. 96
[28] ebenda, S. 99ff
[29] VDI 3800 1979

nahmen zur Emissionsminderung" und eine alte Fassung des § 17 Abs. 2 BImSchG bezieht.

Bei der Ermittlung beschäftigungsvariabler Kosten von Energie wird überdies oft zu undifferenziert vorgegangen. Man rechnet global und unterscheidet zu wenig zwischen verschiedenen Energiearten (Energieniveaus). Dies gilt etwa für Dampf und Wasser verschiedenen Wärmeinhalts. Soweit diese Energiearten nicht als Kuppelprodukte entstehen, kann man jeder Energieart nach ihrem Energieinhalt entsprechende Energiebezugs- oder -erzeugungskosten zurechnen. Damit werden auch Energieverluste anteilig berücksichtigt.

Bei Dampferzeugung muß auch auf die Vorhaltekosten geachtet werden. Dampf läßt sich nur mit größerem apparativem Aufwand und entsprechenden Bereitschaftskosten zur Verfügung stellen. Diese Kosten sind beschäftigungsfix und nur weitere Kosten zur Erzielung noch höherer Temperaturen und ab Dampfabgabe sind möglicherweise als beschäftigungsvariabel einzuordnen. Man kommt hier zu einer ähnlichen Unterscheidung wie zwischen Leistungspreis und Arbeitspreis bei elektrischer Energie.

Weitere beschäftigungsvariable Kosten der Potentialnutzung entstehen für energiebedingte Emissionen und für Aufwendungen zur Einhaltung von Grenzwerten an Energieanlagen, soweit diese beim Betrieb anfallen.[30]

Abschreibungen und Versicherungen für betriebliche Energieanlagen sind nach ihrem Verhalten beschäftigungsfixe Kosten. Sie gehören regelmäßig nicht zu den entscheidungsrelevanten Kosten bei Entscheidungen über Potentialnutzung, weil sie bereits durch Entscheidungen über die Potentialbereitstellung ausgelöst werden.

Genauer zu prüfen ist die Relevanz von Personalkosten bei Entscheidungen über Potentialnutzung. Personalkosten sind regelmäßig beschäftigungsfixe Kosten und insoweit schon an die Bereitstellung entsprechender Anlagen gebunden. Soweit die Personalkosten aber erst mit dem Anlagenbetrieb entstehen, etwa im Kontext mit Überwachung, Energiebewirtschaftung, Wartung, Instandhaltung, sind sie der Potentialnutzung zuzurechnen, allerdings sowohl bei Fremdbezug als auch bei Eigenerzeugung von Energie.

Die Frage, ob bestimmte Energiearten eigenerstellt oder fremdbezogen werden sollen, erledigt sich, wenn diese Energie als Kuppelprodukt (zwangsläufig) gemeinsam mit der Erzeugung einer anderen Energieart ensteht, wie etwa bei der Kraft-Wärme-Kopplung.

---

[30] vgl. Fünfgeld 1997, S. 96

Wird ein solches Kuppelprodukt betriebsintern genutzt, gehört es ebenfalls zu den innerbetrieblichen Leistungen. Auch bei Kuppelprodukten besteht das Problem der Ermittlung der Kosten von Innenleistungen. Diese Frage wird im Zusammenhang mit Kuppelproduktion[31] behandelt.

Kosten - und daher Kostenvergleichsrechnungen - werden oft in unmittelbarem Zusammenhang mit Preisen der - mit Kosten - produzierten Güter gebracht. Beide Fragen sind aber streng zu trennen. Kosten der Produktion sind die mit Entwicklung, Produktion und Verkauf verbundenen Wertverzehre. Diese sind von den mit diesen Produkten erzielbaren Preisen völlig unbeeinflußt. Diese Preise richten sich ausschließlich nach den Marktverhältnissen, d.h. nach der Bereitschaft der Abnehmer, Erlöse in der entsprechenden Höhe für den Erwerb dieser Güter aufzubringen.

Die einem Produkt nach dem Identitätsprinzip zurechenbaren Kosten bilden aber für ein zumindest nach Kostendeckung strebendes Unternehmen die Erlösuntergrenze. Bei Erlösen unterhalb dieser Grenze erbringt das Produkt negative Dekkungsbeiträge. Produktion und Verkauf sind daher unwirtschaftlich und zu unterlassen.

Diese Zusammenhänge gelten unabhängig von der Rechnung mit Teilkosten oder mit Vollkosten. Bei einer Rechnung mit Vollkosten liegt allerdings die Erlösuntergrenze höher und kommt daher eher in Konflikt mit Marktpreisen.

Wo man nicht mit gegebenen Marktpreisen rechnen muß, sondern bei der Preisbestimmung gewisse Spielräume hat, werden höhere Preisforderungen den Absatz behindern. Die potentiellen Abnehmer werden nämlich auf andere Produkte ausweichen.

1.2.2.2 Entscheidungen bei Kuppelproduktion (Kraft-Wärme-Kopplung)

Man spricht von Kuppelproduktion, wenn aus einem Produktionsvorgang technisch zwangsläufig mindestens zwei verschiedene Outputarten in bestimmten Mengenverhältnissen (als Produktpäckchen) hervorgehen. Ursache dafür ist letztlich der Entschluß zur Produktion unter bestimmten technischen Bedingungen und deren Ausführung.

Da diese Produktarten aufgrund der Produktionsentscheidung gemeinsam entstehen, sind auch die Kosten dieser Produktion nur dem Produktpäckchen als Einzelkosten zurechenbar. Bezugsobjekt ist hier somit das Produktpäckchen, nicht die einzelne Output- oder Leistungsart. Dies gilt entsprechend bei der Zuordnung von Zahlungen für Investitionsobjekte, die mehreren Funktionen dienen sollen,

[31] vgl. 1.2.2.2

wenn die Entscheidung für ihre Installation oder ihren Weiterbetrieb auf alle Funktionen gerichtet war.[32] Theoretisch begründete Methoden der Aufteilung solcher Kosten auf mehrere Leistungsarten bzw. Funktionen gibt es nicht.

Dies gilt auch für energetische Kuppelprodukte, etwa für Strom und Wärme bei der Kraft-Wärme-Kopplung. Man spricht von Kraft-Wärme-Kopplung, wenn die Kraftanlage (etwa eine Dampfturbine) zur Erzeugung elektrischer Energie *und* - nach Einspeisen des Dampfes mit hoher Temperatur in ein Dampfnetz - zur Wärmeabgabe eingesetzt werden.[33] Hat man Einzelkosten für Kuppelproduktpäckchen ermittelt, so ist eine Aufteilung dieser Kosten auf einzelne Kuppelproduktarten zwar in der Praxis üblich, aber logisch nicht willkürfrei möglich. Obwohl solche Aufteilungsmethoden sogar in einschlägigen Lehrtexten vorkommen,[34] kann man sie durchaus als "populäre Irrtümer" bezeichnen.

Werden für einzelne Kuppelprodukte Erlöse erzielt, lassen sich diese Erlöse den Produktionskosten dieser Kuppelprodukte gegenüberstellen, und man kann daraus den Saldo bilden. Dieser Saldo läßt sich dann für Wirtschaftlichkeitsüberlegungen mit den Kosten bzw. den Erlös-Kosten-Salden anderer Alternativen vergleichen.

Soweit solche Kuppelprodukte nicht gegen Erlös veräußert, sondern - als innerbetriebliche Leistung - im Betrieb eingesetzt werden und auf diese Weise den Fremdbezug von Stoff- oder Energiemengen vermeiden, führt ihr Einsatz zur entsprechenden Kostenreduktion, und diese muß bei Alternativenvergleichen in Rechnung gestellt werden.

Gibt es bei potentiellen Verwendern solcher Kuppelprodukte im Betrieb Widerstände gegen den Kuppelprodukteinsatz, so können möglicherweise die Grundgedanken des Behavioral accounting (verhaltenssteuerungsorientierte Kostenrechnung)[35] helfen. Dabei stehen die Wirkungen von Informationen auf das menschliche Verhalten im Zentrum der Analyse. Danach empfiehlt es sich, die Kuppelprodukte (Energiearten) so mit innerbetrieblichen Verrechnungspreisen zu versehen, daß potentielle betriebliche Nutzer darauf ansprechen. Auch Energieträger unterschiedlicher Temperatur- oder Druckniveaus lassen sich mit unterschiedlichen Verrechnungspreisen ausstatten, um die Nachfrage zu steuern.

Potentielle Nutzer haben für ihren Verantwortungsbereich bestimmte Kostenvorgaben, etwa aus der Plankostenrechnung. Sie sind daher daran interessiert, kostengünstige Bezugsquellen zu nutzen und werden sich daher an den Verrechnungspreisen orientieren, so daß im Prinzip "billige" Energiearten in höherem Maße nachgefragt werden. Im Extremfall bietet es sich sogar an, die energeti-

[32] vgl. Riebel 1983, S. 22
[33] Pichler/Rudolph 1984, Funk 1990, S. 89ff
[34] vgl. etwa Hugel 1965, S. 108ff
[35] vgl. Schweitzer/Küpper 1998, S. 349ff

schen Kuppelprodukte dabei mit Verrechnungspreisen von p = 0 ("umsonst") bereitzustellen.

Soweit Kosten *berechnet* werden, muß man bekanntlich *alle* relativen Einzelkosten als entscheidungsrelevant einbeziehen. Beachtet man etwa bei Fremdbezug von elektrischer Energie nur Arbeitspreise, nicht aber auch Leistungspreise der Energieversorger, so werden die Kosten des Fremdbezugs falsch bemessen und die Alternative "Eigenleistung" wird rechnerisch benachteiligt. Anderseits muß "Eigenleistung" auch mit den Kosten für weitere Installationen belastet werden, die z.B. bei Abwärmenutzung erforderlich sind. Es sei hier etwa auf den Einsatz der Abwärme von Glühöfen für Siliciumstäbe verwiesen, aus denen die Wafer für integrierte Schaltungen hergestellt werden.

Wird Rückstandsenergie eingesetzt, so fallen für diese Energie selbst keine zusätzlichen Kosten an. Die Substitution anderer Energiearten durch energetische Rückstände reduziert oft auch die CO_2-Emission. Insoweit besteht Komplementarität zwischen einzelwirtschaftlichen Zielen und dem gesellschaftlichen Anliegen des Umweltschutzes durch CO_2-Minderung.

Die Kostenvergleichsrechnung ist als Entscheidungsgrundlage nur dann zulässig, wenn die Alternativenwahl keinen Einfluß auf die Erlöshöhe ausübt. Andernfalls ist eine Gewinnvergleichsrechnung zu wählen.

Gewinn ist der Überschuß der Erlöse einer Rechnungsperiode, i. d. R. eines Kalenderjahres, über die Kosten dieser Rechnungsperiode. Der Gewinn ist also eine Periodengröße. Haben Entscheidungen und Handlungen nicht nur Kosten, sondern auch Erlöswirkungen, so muß beim Alternativenvergleich statt der Kostenvergleichsrechnung eine Gewinnvergleichsrechnung angewandt werden. Diese hat möglicherweise auch bei REN-Maßnahmen Bedeutung. Wird hierdurch etwa eine bisher nicht genutzte Energieart erfaßt und extern verwertet, so kann dies zu Erlösen führen. Ein Beispiel ist etwa Abwärme aus der Industrie. So geht schon seit den 70er Jahren Abwärme aus Hochöfen, Walzwerken und Schwefelsäureanlagen in den Energieverbund der Fernwärmeschiene Niederrhein und heizt dort ca. 40 000 Wohnungen.[36]

Während bei der Kostenvergleichsrechnung die isolierte Betrachtung einer Alternative zu keiner Handlungsempfehlung führen kann, ist eine Gewinnvergleichsrechnung auch zur Beurteilung einer einzelnen Alternative geeignet. Jede Alternative mit einem Überschuß der Erlöse über die Kosten ist nämlich für sich genommen vorteilhaft. Eine Alternative mit einem Überschuß der Kosten über die Erlöse bedeutet hingegen eine Verschlechterung gegenüber der Ausgangslage und ist daher zu unterlassen.

[36] vgl. Kern 1981, S. 17

Der Gewinn wird für mehrere Perioden berechnet, wenn das zu beurteilende Projekt eine längere Laufzeit hat, wie z.B. die Einführung eines neuen Erzeugnisses in das betriebliche Absatzprogramm. In diesem Fall arbeitet man - wie bei statischen Verfahren üblich - mit Jahresdurchschnittsgewinnen und vergleicht die Jahresdurchschnitte verschiedener Alternativen.

Im allgemeinen ist es problematisch, mit der Periodengröße "Gewinn" zu arbeiten, wenn man den wirtschaftlichen Vorteil einzelner Projekte beurteilen will. Die dabei relevante Beurteilungsgröße ist nicht der Gewinn, wie die Bezeichnung "Gewinnvergleichsrechnung" nahelegt, sondern der Gewinn*beitrag* (Deckungsbeitrag) der betrachteten Alternative. Dieser ist der Saldo zwischen Erlösen und Kosten, welche dieser Alternative nach dem Identitätsprinzip zugerechnet werden können.

Soweit bei Realisation einer solchen Alternative Kapital investiert wird (z.B. bei Kauf technischer Anlagen), kommt ein weiteres Problem hinzu. Kapital als Geld für Investitionszwecke ist ein knappes Gut. Nach dem ökonomischen Prinzip sollte es so eingesetzt werden, daß es eine möglichst hohe Verzinsung erwirtschaftet. Diese Verzinsung wird bei der Gewinnvergleichsrechnung nicht ermittelt, obwohl der Gewinnbeitrag eine Determinante der Verzinsung darstellt. Maßstab der Verzinsung ist die Rentabilität. Daher bietet es sich an, den Alternativenvergleich nicht mit einer Gewinn-, sondern mit einer Rentabilitätsvergleichsrechnung vorzunehmen.

1.2.3 Entscheidungen über Potentialbereitstellung und -erhaltung (Investitionsentscheidungen)

Der Kapitaleinsatz geschieht oft im Kontext mit der Bereitstellung von Potentialen (Kapazitäten), etwa für die Produktion. Entscheidungen über solche Kapitaleinsätze können daher auch als Entscheidungen über Potentialbereitstellung gekennzeichnet werden.

Ausgangsgrößen für die Planung des Energiebedarfs in einem Unternehmen sind die von den verschiedenen betrieblichen Energieverbrauchern nach ihren technischen Verbrauchsfunktionen beanspruchten Nutzenergiearten und -mengen. Daraus folgt der Bedarf an jeder Energieart, der künftig durch Eigenleistung oder Fremdbezug gedeckt werden muß. Der Bedarf an Energie und Energieträgern steht seinerseits im Kontext mit Arten und Potentialen der betrieblichen Anlagen zur Energieversorgung und -verteilung, die auch Gegenstand der betrieblichen Anlagenwirtschaft sind.

Die Potentiale der Anlagen für Bezug, Erzeugung und Verteilung von elektrischer Energie müssen nach dem jeweiligen Spitzenbedarf an Energie ausgelegt werden, da andernfalls Übernahmeinrichtungen, Transformatoren, Verteilerstellen, Netze und Verbraucher überlastet und eventuell sogar beschädigt werden. Die Orientierung am Spitzenbedarf sichert so gleichermaßen die Energieversorgung des Betriebes und die Erhaltung der elektrischen Anlagen.

In diesem Zusammenhang ist stets daran zu denken, daß Investitionen im Produktionsbereich möglicherweise Folgeinvestitionen in der betrieblichen Energieversorgung bedingen. Vernachlässigt man solche Konsequenzen, so kann dies zu dauernden Überlastungen und schließlich Beschädigungen der Energieversorgungsanlagen mit Produktionsausfällen und Nachholen der zunächst vermiedenen Investitionen unter Zeitdruck und daher zu höheren Kosten führen.[37]

Auch im Hinblick auf anstehende Ersatzinvestitionen ist hier eine umfassende Sicht erforderlich. In sogenannten "Nebenanlagen" zur Wärme-, Kälte- und Drucklufterzeugung, zur Erzeugung technischer Gase und zum Transport flüssiger und gasförmiger Medien existieren Kessel, Brenner, Kompressoren, Elektromotoren und Pumpen, die nicht laufend beobachtet und gewartet werden. Auch hier können Störungen zu Unterbrechungen und möglicherweise erheblichen wirtschaftlichen Schäden führen. In solchen Fällen, aber auch wenn die Ersatzinvestition geplant erfolgt, achtet man in der Praxis oft zu wenig auf den angemessenen Ersatzbedarf mit richtiger Dimensionierung bei vielleicht inzwischen geänderten technischen und wirtschaftlichen Ansprüchen und somit auf die Wirtschaftlichkeit der Ersatzanlage, wodurch im Bereich der Energiewirtschaft erhebliche Rationalisierungsreserven unbeachtet und ungenutzt bleiben.

Dazu zwei Beispiele aus der Praxis (diese sind vom Fraunhofer Institut für Systemanalyse und Innovationsforschung (ISI) Karlsruhe zur Verfügung gestellt worden):

1. Ein Betrieb der Konsumgüterindustrie benötigt Druckluft auf zwei Druckstufen und Vakuum. Zur Bedarfsdeckung verfügt man über etwa 40 Turbo- und Schraubenverdichter mit einer Gesamtleistungsaufnahme von über 10 MW. Die verwendeten Kompressoren und Elektromotoren sind zum Teil fünfzig Jahre, die Regelung ist über zwanzig Jahre alt. Die an den Kompressoren entstehende Wärme bleibt ungenutzt. Statt dessen erfolgt die Warmwasserbereitung mit vermeidbaren Kosten konventionell. Ein Großteil des Druckluftnetzes wird nicht mehr benötigt, wird aber trotzdem - mit vermeidbaren Kosten - weiterbetrieben. Dennoch sind bisher ausgefallene Kompressoren mit gleicher Leistung reinvestiert worden. Es gibt keine Messungen über Leistungsverluste, die Kosten pro m^3 Druckluft bzw. Vakuum sind unbekannt.

   Für den Fall einer Neuauslegung dieser Anlagen wurde eine Reduktion des Stromverbrauchs von 30 % prognostiziert. Jedoch hat der technische Be-

[37] vgl. Layer/Strebel 1984, S. 642ff

triebsleiter das Angebot eines Contractors zur Erneuerung der Druckluftversorgung und Betriebsübernahme nicht akzeptiert.

2. Ein energieintensiver Betrieb der Konsumgüterindustrie betreibt ein Kesselhaus mit drei gasgefeuerten Dampfkesseln. Diese erzeugen Sattdampf von 13 bar, der ohne Nutzung der Energiedifferenz auf 2,5 bar entspannt wird. Der entspannte Dampf dient anschließend zur Beheizung eines Schweröllagers und zur Heißwassererzeugung. Mit dem Heißwassersystem wird lediglich die Gebäudebeheizung und das Sanitärwasser bedient, dessen Bedarf in den letzten zehn Jahren um 75 % gesunken ist. Gleichwohl hat man bisher bei Brennerausfall die gleiche Leistung reinvestiert.

   Das Kondensat aus der Beheizung des Tanklagers geht nicht an das Kesselhaus zurück. Überflüssige Energie- und Wasserkosten sind die Folge. Der Brennstoffverbrauch des Kesselhauses (einer "Nebenanlage") beträgt immerhin eine Mio. DM. Jedoch hat die Betriebsleitung bisher nur den Produktionsprozeß betrachtet, wo der Energieverbrauch etwa neun Mio. DM beträgt. Erste Analysen kommen zu einer möglichen Brennstoffeinsparung von mindestens 35 %.

Erforderliche Rationalisierungsinvestitionen, wie auch andere Investitionsvorhaben werden mithilfe der Kennzahl "Rentabilität" beurteilt. "Rentabilität" ist im folgenden als "Kapitalrentabilität" zu verstehen. Rentabilität ist dann das Verhältnis von Gewinn bzw. Gewinnbeitrag zu eingesetztem Kapital. Als statische Größe ist die Rentabilität eine Jahresrentabilität mit der Dimension %/Jahr. Diese Rentabilitätsgröße ist als vereinbarter Zinssatz für ein Sparguthaben wohlbekannt.

Sie bringt zum Ausdruck, welcher Gewinn (im Beispiel des Sparguthabens: welcher Zinsbetrag) auf einen bestimmten Kapitaleinsatz pro Jahr erwirtschaftet wird. Ist ein Investitionsvorhaben auf Reduktion künftiger Kosten gerichtet ("Rationalisierungsinvestition") so steht anstelle des Gewinns die jährliche Kostenminderung.

Diese Rentabilitätsgröße ist als Beurteilungskriterium für den wirtschaftlichen Erfolg eines einzelnen Investitionsvorhabens, aber auch eines Unternehmens üblich. Achtet man auf den Erfolg eines Unternehmens aus seiner eigentlichen Geschäftstätigkeit, so ist Gewinn der positive Saldo von Erlösen und Kosten (ein "Betriebsergebnis"). Dieser Betrag wird zum Eigenkapital in Beziehung gesetzt. "Eigenkapital" ist Kapital, das bei einzelkaufmännischen Unternehmen, Personengesellschaften und Genossenschaften aus dem Vermögen der Eigentümer, bei Kapitalgesellschaften aus dem Vermögen dieser Körperschaft fließt.

Die Eigenkapitalrentabilität ist dann:

(1) R_E : = Gewinn/Eigenkapital . 100 (%/Jahr).

Arbeitet ein Unternehmen auch mit Fremdkapital (Kapital von Kreditgebern), so mindert dies den Gewinn, weil das Fremdkapital nicht unentgeltlich zur Verfügung steht, sondern Zinskosten verursacht.

Dieser Einfluß stört, wenn man die Rentabilitäten verschiedener Unternehmen miteinander vergleichen will. Bei einem bestimmten Fremdkapitalzinssatz ist dann die Eigenkapitalrentabilität eines Unternehmens um so geringer, je höher die Finanzierung mit Fremdkapital ist. Damit kommt aber ein sachfremder Aspekt in die vergleichende Beurteilung, und die Rentabilitätsgröße ist nicht mehr nur ein Erfolgsmaß für die Arbeit des Unternehmens im Betrachtungszeitraum, sondern auch für die betriebliche Kapitalstruktur. Um diesen Finanzierungseinfluß auszuschalten, greift man zur Kennzahl "Gesamtkapitalrentabilität":

(2) R_G: = (Gewinn + Fremdkapitalzinsen)/ (Eigenkapital + Fremdkapital) (%/Jahr)

Die Summe im Zähler ist hier der Gewinn vor Abzug von Fremdkapitalzinsen. Im Nenner steht das Gesamtkapital, mit dem dieser erweiterte Gewinn erwirtschaftet worden ist oder wird. Damit ist der Einfluß der Kapitalzusammensetzung (der "Kapitalstruktur") eliminiert, und man kann die Gesamtkapitalrentabilitäten verschieden finanzierter Unternehmen miteinander vergleichen.

Der Kapitaleinsatz eines Unternehmens verändert sich im Laufe eines Jahres. Korrigiert man nämlich den Betriebsgewinn um bestimmte Positionen (auf die hier nicht eingegangen werden soll), so ist er ein Eigenkapitalzuwachs, weil sich das Vermögen der Eigenkapitalgeber um dieser Betrag erhöht. Erzielt ein Unternehmen einen Gewinn, so ist folglich das Eigenkapital am Ende des Jahres um diesen Gewinnbeitrag höher als am Jahresanfang. Dies gilt allerdings nur dann, wenn während dieses Jahres keine Eigenkapitalentnahmen oder -einzahlungen stattfinden.

Wegen dieser Eigenkapitalveränderung arbeitet man in der Regel mit durchschnittlichen Kapitaleinsätzen und bezieht Gewinn bzw. Gewinn + Fremdkapitalzinsen auf den Durchschnitt von Anfangs- und Endkapital. Dies ist eine grobe Vereinfachung, weil die Eigenkapitalzunahme während des Jahres nicht linear und bei zu vergleichenden Unternehmen auch mit unterschiedlichen Verläufen vonstatten geht.

Die Messung der Rentabilität für nur ein Geschäftsjahr ist unbefriedigend. Die Laufzeit einer Investition ist zumeist länger, und die Rentabilität eines bestimmten Geschäftsjahrs ist auch von Zufällen abhängig. Man mißt dann die Rentabilität für einen längeren Zeitraum, somit als Durchschnittsrentabilität. Dabei werden der Durchschnittsgewinn bzw. die durchschnittliche Summe von Gewinn und Fremdkapitalzinsen und die Durchschnitte der jährlichen Durchschnittskapitalien verwendet. Die Rechnung ist dann relativ grob, was aber mangels genauerer Informationen unvermeidlich ist.

Die Rentabilitätskennzahlen sind bisher auf der Basis des Jahresgewinns behandelt worden. In diesem kommen allerdings die Resultate aller Entscheidungen und Handlungen des Jahres zum Ausdruck. Betrachtet man nun einzelne Investitionsvorhaben des Unternehmens, so muß man von den darin investierten Kapitalbeträgen, den dafür im Analysezeitraum stattfindenden Kapitalfreisetzungen und den auf diese Investition entfallenden Gewinnanteilen und Fremdkapitalzinsen ausgehen. Die Formeln für die Rentabilitätsrechnungen entsprechen dann wieder den Gleichungen (1) und (2).

Probleme bei diesen Rechnungen liegen in der Zuordnung von Gewinnanteilen (Deckungsbeiträgen) und Kapitalfreisetzungen (Amortisationen) auf diese Investitionen. Zugehörige Erlöse und Kosten müssen wieder nach dem Identitätsprinzip ermittelt werden. Amortisationen resultieren aus dem Zufluß von Erlöseinzahlungen, soweit in diesen auch Gegenwerte für verrechnete Abschreibungen enthalten sind. Die Annahmen über den zeitlichen Verlauf dieser Amortisation gründen sich aber nur auf Fiktionen. Es wird nämlich - mangels Informationen über die Realität - angenommen, daß die Amortisationen eines Jahres mit den für dieses Jahr verrechneten Abschreibungen übereinstimmen. Solche Abschreibungen sind nicht mit Auszahlungen verbunden. Die diesen entsprechenden Erlöszuflüsse bleiben also dem Unternehmen als Kapital erhalten und können damit als Amortisation früher getätigter Sachinvestitionen verstanden werden.

Hier zeigt sich wieder die Analogie zu den Finanzinvestitionen. Allerdings liegt bei Finanzinvestitionen mit festen Laufzeiten, Tilgungsplänen und Zinssätzen der Zinsertrag (der Gewinn) fest, und die Amortisationsverläufe sind genau bekannt. Es läßt sich auch jederzeit angeben, wieviel Kapital noch in einem Investitionsvorhaben gebunden ist.

Bei Sachinvestitionen sind die zugehörigen Gewinnanteile vorab unbekannt. Sie lassen sich später nur nach dem Identitätsprinzip ermitteln. Dort gibt es auch keine Tilgungspläne. Der Amortisationsverlauf kann daher nur fiktiv angenommen werden.

Investitionsvorhaben sind vielfach von der Absicht getragen, Kosten künftig zu mindern. Man spricht hier auch von Rationalisierungsinvestitionen (vgl. die obigen Beispiele). Der Nutzen ("Gewinn") einer solchen Investition besteht dann in der insgesamt eintretenden Kostenminderung. Erlösänderungen erfolgen nicht.

Die Rentabilität einer solchen Investition kann dann mit folgender Kennzahl angegeben werden:

(3) R_J : = jährliche Kostenminderung/zusätzliche Kapitalbindung . 100 (%/Jahr).

Dabei wird - analog zu R_E und R_G - mit durchschnittlichen Kostenminderungen und durchschnittlicher zusätzlicher Kapitalbindung gerechnet.

Vergleicht man verschiedene Investitionsvorhaben anhand der Kennzahlen RE oder RG, so muß man bedenken, daß Investitionsbeträge bzw. Kapitalbindungen solcher Vorhaben grundsätzlich nicht übereinstimmen. Vergleicht man zwei Investitionsvorhaben miteinander, so hat z.B. die Investition A_1 eine Kapitalbindung KB_1 = DM 100.000,-- die Investition A_2 eine Kapitalbindung KB_2 = DM 80 000,- Der Unterschied $KB_1 - KB_2 = I_D$ = DM 20.000,-- ist die sog. Differenzinvestition.

Stellt man nur die Rentabilitäten von A_1 und A_2 gegeneinander, so entsteht die Frage, welche Rentabilität die Differenzinvestition erzielt. A_1 und A_2 sind nämlich noch keine Alternativen, da sie das verfügbare Kapital (den Mittelvorrat) nicht völlig ausschöpfen. Wählt man A_2, so reicht der Vergleich mit A_1 nicht aus, weil dann auch I_D eine bestimmte Rentabilität erzielt. Vergleichbare Alternativen sind dann nur einerseits A_1, anderseits A_2 mit I_D, und die Rentabilität von A_1 muß mit der zusammengefaßten Rentabilität von A_2 und I_D verglichen werden. Nur wenn die Differenzinvestition dieselbe Rendite aufweist wie die Alternative mit der geringeren Kapitalbindung (hier A_2), braucht I_D nicht weiter in den Vergleich einbezogen werden. Dieser Fall liegt aber in der Praxis zumeist nicht vor.

In der Praxis wird seit langem mit einer weiteren Rentabilitätskennzahl gerechnet, dem sog. Return on Investment (ROI). Dabei gilt:

(4) ROI: = Gewinn/Eigenkapital + Fremdkapital.

Vergleicht man den ROI mit RE, so enthält hier der Nenner auch das Fremdkapital. Vergleicht man mit RG, so fehlen beim ROI die auf das Fremdkapital entfallende Fremdkapitalzinsen. Den Sinn dieser Kennzahl erkennt man erst, wenn man ihre ursprüngliche Konstruktion betrachtet. Der ROI entsteht nämlich durch multiplikative Verknüpfung der Kennzahlen Umsatzrentabilität (Gewinn/Umsatz) und Kapitalumschlagshäufigkeit (Umsatz/Eingesetztes Kapital). Der Umsatz kürzt sich dann heraus.

Vielfach sind die künftigen Beträge von Kosten und Erträge oder Auszahlungen und Einzahlungen eines Investitionsvorhabens besonders unsicher und erlauben keine zuverlässige Rentabilitätsrechnung. Man konzentriert sich daher bei der Entscheidungsvorbereitung auf eine Risikoabschätzung für das Projekt und wählt dafür als Maßstab den Amortisationszeitraum der Investitionssumme.

Die Amortisationsvergleichsrechnung ist offenbar keine Wirtschaftlichkeitsrechnung, da sie Nutzen und Kosten einer Investition nicht berücksichtigt. Sie stützt sich allein auf die Wiedergewinnungszeit (Amortisationsdauer) investierten Kapitals. Die Amortisationsdauer bestimmt sich nach

(5) AD: = Investitionsbetrag/jährlicher Amortisationsbetrag (Jahre).

Investitionen unterliegen Verlustgefahren (Risiken). Je länger ein Kapitalbetrag gebunden ist, desto länger ist er solchen Risiken ausgesetzt. Vergleicht man zwei Investitionen über denselben Betrag, so ist also aus risikopolitischen Überlegungen die Investition mit der kürzeren Amortisationsdauer vorzuziehen. Hat man z.B. ein Investitionsvorhaben A_1 mit einer Investitionssumme von DM 100.000,- und einer jährlichen (durchschnittlichen) Amortisation von DM 50.000,- sowie ein Investitionsvorhaben A_2 mit derselben Investitionssumme, aber einer jährlichen (durchschnittlichen) Amortisationsrate von DM 40 000, so gilt

AD_1 = 100.000,- DM : 50.000,- DM/Jahr = 2 Jahre,

AD_2 = 100.000,- DM : 40.000,- DM/Jahr = 2,5 Jahre,

und A_1 ist günstiger.

Stimmen die Kapitaleinsätze der Vorhaben nicht überein, so muß die Investitionssumme des Projektes mit dem geringeren Kapitaleinsatz wieder um die Differenzinvestition ergänzt werden, um zu vollständigen (vergleichbaren) Alternativen zu gelangen.

In derartige Vergleiche dürfen im Prinzip nur solche Investitionsvorhaben einbezogen werden, die für sich betrachtet wirtschaftlich vorteilhaft sind. Die für dieses Urteil vollzogene Rechnung stützt sich - wie alle Rechnungen zur Entscheidungsvorbereitung - auf Prognosen über die eingehenden Rechengrößen. Wegen der Unsicherheit über diese Rechengrößen und die daraus folgenden Alternativenwerte greift die Praxis auch zur Amortisationsvergleichsrechnung. Diese Rechnung darf aber nur als *ergänzendes* Kalkül verwendet werden, um nämlich auch den Risikoaspekt in die Entscheidungsvorbereitung einzubringen.

Als Konsequenz dieses Vorgehens ist es durchaus möglich, daß unter den verfügbaren Alternativen schließlich die mit der kürzesten Amortisationsdauer ausgewählt wird, eben um das Risiko des Kapitalverlustes zu minimieren. Damit wird aber möglicherweise auf Rückflüsse verzichtet, die beim Ergreifen anderer Alternativen zusätzlich eintreten könnten und damit auf eine Alternative mit höherer Verzinsung. Ob dies zutrifft, läßt sich aber wegen der unvollkommenen Information nur ex post ermitteln. Die Möglichkeit solcher Rückflüsse kann daher nicht als Einwand gegen den ergänzenden Einsatz von Amortisationsrechnung *bei der Entscheidung* geltend gemacht werden.

Die in diesem Kontext auftretende Argumentation eines Abschneidens des "golden end" beruht also auf einem Zirkelschluß: Ein "golden end" erkennt man zum Entscheidungszeitpunkt nur bei vollkommener Information. Nur dann sind auch risikopolitische Überlegungen und damit Amortisationsvergleichsrechnungen überflüssig. Aber eben diese vollkommene Information besteht ex ante nicht. Golden ends sind dann unbekannt, und man muß auch mit unangenehmen Überraschungen rechnen.

Das Arbeiten mit der Amortisationsvergleichsrechnung und das Problem des Abschneidens von golden ends ist anders zu beurteilen, wenn man allein die Amortisationsrechnung zur Beurteilung von Alternativen verwendet und/oder mit größerer Prognosesicherheit gerechnet werden kann.

Werden Alternativen *ausschließlich* anhand der Amortisationsdauer beurteilt, so ist dies theoretisch nicht haltbar, weil man dann trotz vorhandener Informationen die Rückflüsse nach Erreichen des Amortisationszeitpunktes vernachlässigt. Dieses bedeutet Verzicht auf eine wirtschaftliche Beurteilung der Alternative zugunsten einer bloßen Risikobetrachtung, obwohl - wie betont - die Amortisationsvergleichsrechnung nur zur ergänzenden Beurteilung wirtschaftlich vorteilhafter Alternativen geeignet ist. Mit größerer Prognosesicherheit kann gerade oft bei energieerzeugenden Anlagen gerechnet werden. Ein Kraftwerk kann etwa eine Nutzungdauer von 50 Jahren haben. Eine ausreichende Prognosesicherheit für die Wirtschaftlichkeitsrechung hat man hier schon dann, wenn für längere Zeit mit positiven Rückflüssen gerechnet werden kann, wobei nur die Vorzeichen, nicht die genauen Beträge der Rückflüsse bekannt sein müssen. So wird man Strom und Wärme auch künftig absetzen können. Ein Nichtbeachten der künftigen Lebensdauer liefe dann tatsächlich auf ein Abschneiden der golden ends hinaus.

Statische Verfahren arbeiten mit den Rechengrößen Kosten und Leistungen. Zur Beurteilung von Entscheidungen über Potentialbereitstellung und -beibehaltung sind dynamische Rechnungen erforderlich. Dynamische Verfahren operieren mit Auszahlungen (Geldabflüssen) und Einzahlungen (Geldzuflüssen). Auch hier gilt - für Auszahlungen und Einzahlungen von Alternativen - das für Kosten- und Leistungsrechnungen erläuterte Identitätsprinzip. Diese unterschiedlichen Rechengrößen der statischen und dynamischen Verfahren können aber nach dem sog. Lücke-Theorem ineinander umgerechnet werden.[38]

[38] Lücke 1955

Kosten/Leistungen bzw. Auszahlungen/Einzahlungen werden für verschiedene Rechnungszeiträume erfaßt. Einzahlungen und Auszahlungen werden zunächst zeitpunktgerecht erhoben. Weil das Problem der Liquiditätserhaltung bei solchen Rechnungen unbeachtet bleibt und aus Vereinfachungsgründen werden die Zahlungen in den entsprechenden Modellen jedoch anschließend jeweils dem Ende oder dem Beginn ihrer Rechnungsperiode zugewiesen. Nur die erste Auszahlung einer Investition wird stets dem Beginn der ersten Periode (Zeitpunkt 0) zugeordnet. Diese Zuordnung ermöglicht das Arbeiten mit Aufzinsungs- und Abzinsungstabellen.

Einzahlungen für eine Investitionsalternative stammen im wesentlichen aus verschiedenen Erlösen. Als Einzahlungen sind im Prinzip auch Ertragsteuerermäßigungen zu behandeln, die durch steuerlich abziehbare Betriebsausgaben gem. § 4 Abs. 4 EStG in Verbindung mit dem relevanten Grenzsteuersatz anfallen. Ferner sind hier die schon in 1.2.2. erwähnten Sonderabschreibungen gem. VO über die steuerliche Begünstigung von Wasserkraftwerken und gem. § 4 Fördergebietsgesetz zu berücksichtigen, ebenso die erhöhten Absetzungen gem. § 82 a EStDV, wo u. a. Fernwärmeversorgung aus Anlagen der Kraft-Wärme-Kopplung und zur Verwertung von Abwärme, Windkraftanlagen und für den Einbau von Warmwasseranlagen begünstigt sind. Einzahlungen sind auch Investitionszulagen lt. InvZulG 1996 und Gutschriften nach Stromeinspeisungsgesetz. Plant man Einsparungsmaßnahmen für Energie, so kann man Beratungskosten, die bei entsprechenden Investitionen als Auszahlungen erscheinen, zu 50 % mit öffentlichen Zuschüssen fördern lassen, was als Einzahlung in die Zahlungsreihe der folgenden Investition eingeht. Die eigentliche Sanierung von Anlagen wird durch das ERP-Energiesparprogramm gefördert. Antragsberechtigt sind Unternehmen der gewerblichen Wirtschaft mit einem Jahresumsatz von bis zu 500 Mio. DM.[39] Gewährt werden hier zinsgünstige Kredite, die sich in der Zahlungsreihe schließlich in Form geringerer Auszahlungen für Zinsen äußern.

Da die Einkommensteuer gem. § 25 EStG nach Ablauf des Kalenderjahres veranlagt wird, in dem Einkommen bezogen worden ist, erscheinen Einzahlungen aus (nachträglich) beantragten Steuerermäßigungen in der Zahlungsreihe der Investition gegenüber den entsprechenden Betriebsausgaben um mindestens eine Periode später. Auszahlungen entstehen zunächst bei Beratung, bei der Anschaffung, Selbsterstellung oder Miete (Leasing) technischer Anlagen, ferner für Reparatur und Instandhaltung, andere Fremdleistungen, für Stoff und Energie, Personalkosten, Werbe- und Verkaufsbemühungen, Entsorgung, bei Fremdkapitalfinanzierung auch für entsprechende Zinsen. Die Salden der periodenbezogenen Einzahlungen und Auszahlungen werden als "Rückflüsse" bezeichnet.

Bei Investitionsvorhaben, die auf Reduktion künftiger Betriebskosten gerichtet sind ("Rationalisierungeinvestitionen") erscheinen als Rückflüsse in der Regel

[39] vgl. Wirtschaftministerium Baden-Württemberg/ISI o. J., S. 4f

die jährlichen bzw. durchschnittlichen jährlichen Kostenminderungen. Gleichwohl werden diese Rückflüsse ebenfalls abgezinst bzw. aufgezinst und ihr Barwert mit den Investitionskosten saldiert. Es handelt sich dabei im Grunde um eine Vermischung zwischen statischem und dynamischem Modell.

Hat man alle Ein- und Auszahlungen ermittelt, die einem Investitionsvorhaben zugeordnet werden können, so lassen sich diese in einer sog. Zahlungsreihe anordnen. Zahlungsreihe ist eine vollständige Übersicht der dem Ende jeder Zahlungsperiode zugeordneten Zahlungen und der ersten Investitionsauszahlung mit ihren Zeitwerten.

Diese Beträge werden nun auf einen gemeinsamen Bezugszeitpunkt abgezinst oder aufgezinst. Bei Investitionsvorhaben ("Investitionsrechnungen") ist Abzinsung auf den Beginn der Investition (Zeitpunkt $t = 0$) üblich. Die Abzinsung geschieht mit sog. Abzinsungsfaktoren aus Abzinsungstabellen. Die Werte der Abzinsungsfaktoren $1/a$ liegen bei positiven Zinssätzen zwischen 0 und 1 ($0 < 1/a < 1$) und sinken mit Zinssatz und Abzinsungsdauer. Man erhält durch Ab- oder Aufzinsen die Barwerte aller Zahlungen der Zahlungsreihe bzw. deren Saldo. Dieser Saldo heißt Kapitalwert (C_0). Der Kapitalwert einer Investition ist Ausdruck der Rentabilität des investierten Kapitals über die Laufzeit der Investition.

Man kann den Kapitalwert auch für einen späteren Zeitpunkt berechnen, z.B. für $t = 5$. Dazu muß man alle vorherigen Zahlungen *auf*zinsen. Die Aufzinsungsfaktoren a sind ebenfalls in Tabellen enthalten. Die Aufzinsungsfaktoren sind die Kehrwerte der entsprechenden Abzinsungsfaktoren und umgekehrt. Die Werte der Aufzinsungsfakoren liegen bei positiven Zinssätzen über $1 (a > 1)$.

Dynamische Rechnungen sind im Bank- und Versicherungswesen gang und gäbe, weil dort die jeweiligen Barwerte von Zahlungen entscheidend sind. Diese Rechnungen sind auch sonst wünschenswert, wenn betriebswirtschaftliche Entscheidungen mit Auszahlungen und Einzahlungen einhergehen. Zu Einzelheiten der Methoden sei insbesondere auf VDI 2067 1983 verwiesen.[40]

Bei Sachinvestitionen sind die Informationen über künftige Aus- und Einzahlungen im allgemeinen so dürftig, daß man die von dynamischen Rechnungen geforderten Eingabedaten nicht zur Verfügung hat. Man muß dann notgedrungen auf statische Rechnungen zurückgreifen, die theoretisch weniger fundiert sind, aber geringere Ansprüche an die Eingabedaten stellen.

Aufzinsungsfaktoren für dynamische Investitionsrechnung leiten sich aus folgender Überlegung ab:

[40] VDI 2067 1983, Blatt 1 Beiblatt, S. 1 - 94

Ein Kapital K_0 von z.B. 100 DM wird ein Jahr lang verzinst. Am Ende des Jahres erfolgt der Rückfluß R_1 in Form der Zinsen. Bei einem Zinssatz von $p = 10\ \%$ ist $p/100 = i = 0{,}1$.

Werden die Zinsen (der Rückfluß) des ersten Jahres dem Kapital gutgeschrieben, so hat das Kapital nach einem Jahr einen Zeitwert von

$$K_1 = K_0 + K_0 \cdot i \qquad K_1 = 100 + 100 \cdot 0{,}1 = 110$$

oder $$K_1 = K_0 (1 + i) = K_0 \cdot q$$

Der Ausdruck in der Klammer ist der erwähnte Aufzinsungsfaktor a. Werden die Zinsen jeweils dem anfänglichen Kapital zugeschlagen und mit diesem weiterverzinst, so hat man nach 2 Jahren einen Zeitwert von

$$K_2 = K_1 + K_1 \cdot i \qquad K_2 = 110 + 110 \cdot 0{,}1 = 121$$

oder $$K_2 = K_0 + K_0 \cdot i + (K_0 + K_0 \cdot i)i$$
$$= K_0 + K_0 \cdot i + K_0 \cdot i + K_0 \cdot i^2$$
$$= K_0 (1 + i)^2 = K_0 \cdot q^2 \qquad K_2 = 100\,(1{,}1)^2 = 100 \cdot 1{,}21$$

Nach drei Jahren hat man entsprechend:

$$K_3 = K_2 + K_2 \cdot i \qquad K_3 = 121 + 121 \cdot 0{,}1 = 133{,}10$$

oder (gemäß der o.a. Ableitung)
$$K_3 = K_0 (1 + i)^3 = K_0 \cdot q^3$$

Nach einer beliebigen Zahl n von Jahren ergibt sich schließlich:

$$K_n = K_0 (1 + i)^n = K_0 \cdot q^n \quad \text{(vollständige Induktion)}$$

K_n ist das Kapital mit Zinseszinsen nach n Jahren (Zeitwert).

Entsprechend können die Abzinsungsfaktoren abgeleitet werden.

In den bisherigen Rechnungen ist die Inflation nicht berücksichtigt worden. Muß man eine Inflationsrate b beachten, so ist diese in die Rechnung einzubeziehen. Man rechnet dann nicht mit dem Aufzinsungsfaktor

$(1 + i)$, sondern mit dem Faktor $(1 + i)(1 + b)$.

Mit diesen Hinweisen ist bereits das Instrumentarium für die sog. Kapitalwertmethode abgeleitet worden. In enger Verbindung damit steht die sog. Interner-Zinssatz-Methode. Beide Verfahren sind speziell für Entscheidungen über Potentialbereitstellung gedacht.

Kapitalwert einer Investition ist der Saldo aller auf einen bestimmten Bezugszeitpunkt ab- oder aufgezinsten Zahlungen aus der Zahlungsreihe der Investition. Die erste Auszahlung der Investition (im Zeitpunkt t = 0) wird oft mit I_0 bezeichnet. Die Abzinsung oder Aufzinsung geschieht mit einem vorher gewählten Zinssatz, der Kalkulationszinssatz genannt wird. Die Salden der Einzahlungen und Auszahlungen je eines Jahres der Laufzeit heißen auch "Rückflüsse" dieses Jahres.

Die Formel für den Kapitalwert ist dann:

(6) $C_0 = R_1/q + R_2/q^2 + ... R_n/q^n - I_0$

Manchmal stimmen die Zeitwerte der jährlichen Rückflüsse überein (z.B. bei bestimmten Renten- oder Versicherungsleistungen). Oft nimmt man aber die Übereinstimmung der Zeitwerte nur an, weil man die tatsächlichen Rückflüsse nicht genau schätzen kann. Dann erhält man eine wesentlich einfachere Rechnung.

Es ist dann nämlich

(7) $C_0 = R/q + R/q^2 + R/q^3 + ... R/q^n - I_0$

Man kann die Formel vereinfachen zu

(8) $C_0 = R \frac{q^n - 1}{q^n(q-1)} - I_0$

Dieser sogenannte Rentenbarwertfaktor (rechte Seite der Gleichung) steht ebenfalls in Tabellen, so daß zur Berechnung des Kapitalwertes nur eine Multiplikation und eine Subtraktion notwendig sind.

Die o.a. Formel kann wie folgt abgeleitet werden:

1. Zunächst wird der Barwert aller Rückflüsse am Ende des letzten Jahres errechnet:

(9) $B_n = R + Rq + Rq^2 + ... Rq^{n-1}$

B_n wird nun für ein weiteres Jahr aufgezinst, allerdings nur aus rechentechnischen Gründen, wie man gleich sehen wird:

(10) $B_nq = Rq + Rq^2 + Rq^3 + ... Rq^n$

2. Man zieht nun den Ausdruck (10) von dem Ausdruck (9) ab:

$$\begin{array}{rl} B_n q & = Rq + Rq^2 + \ldots + Rq^{n-1} + Rq^n \\ - B_n & = -R - Rq - Rq^2 - \ldots - Rq^{n-1} \\ \hline \end{array}$$

(11) $B_n(q-1) = -R + Rq^n$, und

(12) $$B_n = R \frac{(q^n - 1)}{(q - 1)}$$

3. Nun muß man auf den Investitionszeitpunkt abzinsen:

(13) $$B_0 = \frac{R\,(q^n - 1)}{q^n\,(q - 1)}$$

4. Schließlich muß noch die Investitionssumme abgezogen werden, um auf den Kapitalwert zu kommen:

(14) $$C_0 = B_0 - I_0 = \frac{R\,(q^n - 1)}{q^n\,(q - 1)} - I_0$$

Dies ist aber wieder die o.a. Formel für den Kapitalwert!

Den funktionalen Verlauf des Kapitalwertes in Abhängigkeit vom Kalkulationszinsfuß zeigt folgendes Beispiel.[41]

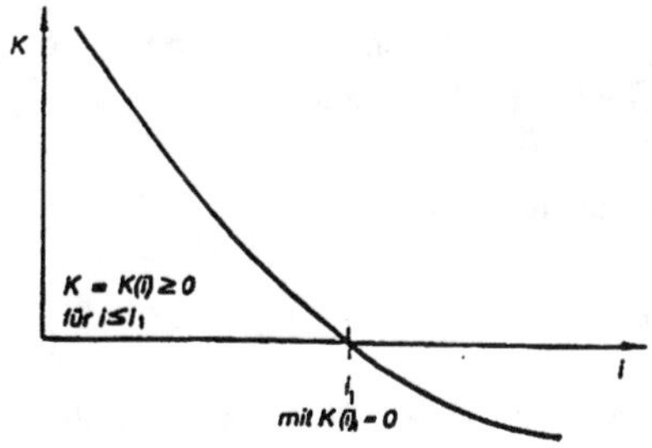

Abb. 1 Funktionaler Verlauf des Kapitalwertes in Abhängigkeit vom Kalkulationszinsfuß

---

[41] VDI 2067 1983, Blatt 1, Beiblatt, S. 10

Die Kapitalwertmethode entspricht formal in vollem Umfang der in der Volkwirtschaftslehre eingeführten Kosten-Nutzen-Analyse (Cost-Benefit Analysis).[42] Der inhaltliche Unterschied liegt lediglich darin, daß die Kosten-Nutzen-Analyse gesamtwirtschaflich/gesellschaftlich relevante Investitionsprobleme behandelt und daher auch volkswirtschaftliche Kosten und Nutzen einbeziehen muß. Da auch die Kosten-Nutzen-Analyse mit Zahlungsreihen arbeitet, versucht sie, auch diese volkswirtschaftlichen Kosten und Nutzen soweit wie möglich zu monetarisieren. Dabei wird vielfach mit Mindestbeträgen gearbeitet, wenn die genauen Beträge unbekannt sind. Sparen z.B. Arbeitnehmer auf ihrem täglichen Weg zum und vom Arbeitsplatz durch ein neues Verkehrssystem, z.B. eine U-Bahn, Zeit, so wird die ersparte Zeit mithilfe durchschnittlicher regionaler Lohnsätze in Geld umgerechnet und somit Bestandteil der Zahlungsreihe. Dem liegt die Überlegung zugrunde, daß die betroffenen Personen während der nun gewonnen Zeit arbeiten können und dadurch zusätzliches Einkommen erzielen. Wer diese Zeit nicht einarbeitet, tut damit kund, daß ihm das Nichtstun *mindestens* so viel wert ist wie das zusätzliche Einkommen, und dieser Mindestbetrag geht in die Zahlungsreihe ein. Dieses Vorgehen ruht allerdings auf der Prämisse, daß genügend Lohnarbeit vorhanden ist und stößt daher in der Realität auf Schwierigkeiten. Solche Wertansätze der Nutzen- Kosten-Analyse werden auch deshalb kritisiert, weil sie mit dem Einsatz von Marktwerten Unternehmensziele und keine gesellschaftlichen Werte berücksichtigen, auf die eine (gesellschaftliche) Nutzen-Kosten-Analyse zurückgreifen müßte.[43] Folgt man solchen Argumenten, so lassen sich nicht alle entscheidungsrelevanten Konsequenzen einer Alternative gleichnamig in Geld zum Ausdruck bringen, und man muß auf mehrdimensionale Verfahren zurückgreifen.[44]

Die Nutzen-Kosten-*Analyse* ist eine Kategorie der sog. Nutzen-Kosten-*Untersuchung*, wie sie von § 6 Abs. Bundeshaushaltsordnung (und entsprechenden Gesetzen der Bundesländer) für öffentliche Investitionen "von erheblicher finanzieller Bedeutung" gefordert wird.

Die Ergebnisse der als Kapitalwertmethode bezeichneten Rechnung werden offensichtlich von folgenden Sachverhalten bestimmt:

1. der Zahlungsreihe der Investition
2. dem Bezugszeitpunkt
3. dem Kalkulationszinssatz.

Auch bei gegebener Zahlungsreihe variiert also der Kapitalwert mit dem Bezugszeitpunkt und dem Kalkulationszinssatz. Der Betrag des Kapitalwertes C_0 kann

[42] vgl etwa Hanley/Spash 1993
[43] etwa Kapp 1963 S. 199ff
[44] hierzu 2.3

gleich 0, größer 0 oder kleiner 0 sein. Welche Aussagen machen solche Kapitalwerte?

Bei einem Kapitalwert $C_0 = 0$ wird der gesamte ursprüngliche Kapitaleinsatz amortisiert, und die tatsächliche Verzinsung ("Effektivverzinsung" oder "interne Verzinsung") stimmt mit dem Kalkulationszinsfuß überein. Dies folgt unmittelbar aus der vorher skizzierten Rechnung der Kapitalwertmethode. In den Rückflüssen der Investition sind nämlich der Gewinn bzw. die Verzinsung aus der Investition enthalten. Der zweite Bestandteil der Rückflüsse sind die Amortisationsbeträge.

Stimmt nun der Barwert der Amortisationsbeträge (bei Abzinsung auf den Zeitpunkt $t = 0$) genau mit dem Investitionsbetrag im Zeitpunkt $t = 0$ (I_0) überein, so reicht der Barwert gerade aus, um diesen Kapitaleinsatz auszugleichen (zu amortisieren). Der Barwert der Gewinne bzw. Zinsen hat aber, wenn diese genau dem Kalkulationszinssatz entsprechen, stets den Wert 0. $C_0 = 0$ bedeutet also offenbar tatsächlich eine effektive Verzinsung mit dem Kalkulationszinssatz bei voller Amortisation des ursprünglich eingesetzten Kapitals. Deckt sich der Kalkulatationszinssatz mit der gewünschten Effektivverzinsung, so ist die Investition als wirtschaftlich erfolgreich zu beurteilen.

Für $C_0 > 0$ folgt dann, daß sich die Investition mit einem gegenüber dem Kalkulationszinssatz höheren Effektivzinsfuß verzinst, dessen Höhe allerdings aus der Rechnung nicht unmittelbar hervorgeht. Im übrigen wird der ursprüngliche Kapitaleinsatz wieder vollkommen amortisiert. Dic Invcstition ist also wiederum wirtschaftlich erfolgreich. Allerdings liegt die Verzinsung sogar über dem angestrebten Ziel.

Für $C_0 < 0$ ist die Effektivverzinsung geringer als der Kalkulationszinssatz. Das wirtschaftlich Ergebnis der Investition ist unbefriedigend. Bei einer Effektivverzinsung < 0 % wird nicht einmal die Amortisation des eingesetzten Kapitals erreicht.

Trotz einfachen Aufbaus und guter Verständlichkeit ist der Einsatz der Kapitalwertmethode doch mit schwerwiegenden Problemen verbunden, die allein aus ihren Prämissen hervorgehen. Diese Prämissen sollen aber erst im Kontext mit der Internen Zinssatz-Methode diskutiert werden, da die Problematik dort ganz ähnlich liegt.

Außer im Falle $C_0 = 0$ macht die Kapitalwertmethode bekanntlich keine Aussage über den Satz der Effektivverzinsung dieser Investition. Da diese Größe aber für den Entscheidungsträger durchaus interessant ist, liegt es nahe, die Effektivverzinsung (den internen Zinssatz) *unmittelbar* zu bestimmen, und zwar mit der sog. Interner-Zinssatz-Methode.

Nun stimmt bei der Kapitalwertmethode der Interne Zinssatz genau dann mit dem Kalkulationszinssatz überein, wenn der Kapitalwert $C_0 = 0$ ist. Setzt man hier den Kalkulationszinssatz als Unbekannte und den Kapitalwert $C_0 = 0$, so folgt aus diesem Ansatz rechnerisch der interne Zinssatz . Exakt ist dieser nur für $t < 4$ zu berechnen, jedoch gibt es ein einfaches Näherungsverfahren. Bei gegebener Zahlungsreihe wählt man hier zunächst einen Kalkulationszinssatz, der einen kleinen positiven Kapitalwert ergibt, dann einen (größeren) Kalkulationszinssatz, für den sich ein kleiner negativer Kapitalwert errechnet. Zeichnet man beide Kapitalwerte in ein Kapitalwert-Zinssatz-Diagramm ein, so kann man den internen Zinssatz näherungsweise durch lineare Verbindung beider Punkte als Schnittpunkt dieser Geraden mit der Zinssatz-Achse ermitteln.

Das Prinzip dieses Vorgehens wird anhand des folgenden Beispiels illustriert:

Zahlungsreihe: - 1.000, 500, 500, 100

Für $p = 5$ % erhält man $C_{05} = + 16{,}09$ (A)
Für $p = 6$ % erhält man $C_{06} = - 4{,}34$ (B)

Verbindet man die Punkte A und B durch eine Gerade, so ergibt der Schnittpunkt mit der Abszisse den Nährungswert für den internen Zinssatz der Investition:

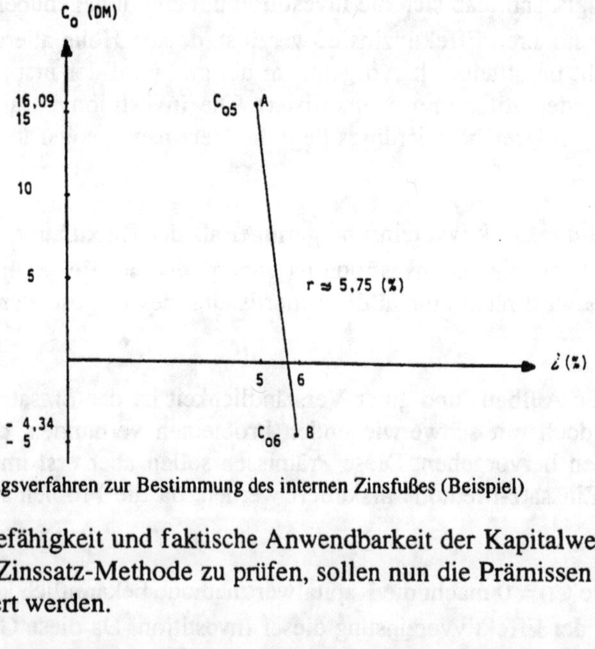

Abb. 2 Näherungsverfahren zur Bestimmung des internen Zinsfußes (Beispiel)

Um Aussagefähigkeit und faktische Anwendbarkeit der Kapitalwertmethode und der Interne-Zinssatz-Methode zu prüfen, sollen nun die Prämissen beider Methoden analysiert werden.

Die schon erwähnte Zuordnung der Zahlungen auf die Enden der Perioden (Kalenderjahre) gilt gleichermaßen für beide Methoden. Beide Modelle berücksichtigen nur solche Zahlungen, die nach dem Identitätsprinzip einer beteiligten Alternative zugeordnet werden können. Dazu muß man zunächst die Alternativen definieren, worauf schon bei der statischen Rentabilitätsvergleichsrechnung hingewiesen worden ist.

Alternativen hat man nur, wenn die Kapitaleinsätze zu Beginn der Investition übereinstimmen. Gilt dies zunächst nicht, so muß die Verzinsung der Differenzinvestition in die Rechnung einbezogen und dem Investitionsvorhaben mit dem geringeren Kapitaleinsatz gutgeschrieben werden.

Alternativen müssen zudem übereinstimmende Laufzeiten haben. Fehlt diese Bedingung, weil z.B. die Rückflüsse einer Investitionsalternative I_1 nur bis zum Ende des achten Jahres, die Rückflüsse einer Alternative I_2 bis zum Ende des zehnten Jahres laufen, so kann bei Wahl von I_1 nach acht Jahren der dort eingesetzte Kapitalbetrag neu investiert werden und erreicht bis zum Ende des zehnten Jahres wiederum eine Verzinsung. Man muß dann den Kapitalwert von I_1, ergänzt um den Kapitalwert dieser Reinvestition, als Kapitalwert *einer* Alternative dem Kapitalwert der Alternative I_2 gegenüberstellen.

Auch wenn ursprüngliche Investitionssumme und Laufzeiten zweier Investitionsvorhaben übereinstimmen, können sie sich in den Amortisationsverläufen unterscheiden.

Hat man etwa bei einer Finanzinvestition über DM 100.000,-- mit zehn Jahren Laufzeit bei der ersten Alternative nur *eine* Tilgung von DM 100.000,- am Ende der Laufzeit und bei der zweiten Alternative eine jährliche Tilgung von DM 10.000,-- so gibt es bei der zweiten Investition eine Differenzinvestition wachsenden Ausmaßes, die nach Amortisation wieder angelegt werden kann. Diese Differenzinvestition und ihre Rückflüsse müssen dann in den Vergleich mit der ersten Alternative einbezogen werden.

Das explizite Einbeziehen von Differenzinvestitionen in den Alternativenvergleich scheitert aber gerade bei Sachinvestitionen an der Unkenntnis z.B. des Amortisationsverlaufs und der für die Differenzinvestition geeigneten Investitionsmöglichkeiten und ihrer Zahlungsreihen. Man hilft sich dann mit fiktiven Annahmen über die Verzinsung der Differenzinvestition (Prämissen).

Bei der Kapitalwertmethode wird unterstellt, daß sich die Differenzinvestition genau mit dem Kalkulationszinsfuß der ursprünglichen Investitionsvorhaben verzinst. Bei diesem Zinssatz ist aber der Kapitalwert der Differenzinvestition = 0. Dieser Wert muß in den Alternativenvergleich nicht einbezogen werden, weil er die Kapitalwerte der Investitionsvorhaben nicht verändert.

Wählt man Prämissen für praxisorientierte Entscheidungsmodelle, so muß garantiert sein, daß sie auch für die Realität gelten. Andernfalls kann man das Rechenergebnis nicht auf die Realität übertragen. Bei der Kapitalwertmethode kann man dieses Problem bewältigen, wenn man als Kalkulationszinssatz den Zinssatz auf dem langfristigen Kapitalmarkt (etwa für öffentliche Obligationen) wählt. Eine Anlage von Differenzinvestitionen zu diesem Zinssatz ist stets möglich. Die zugrundeliegende Prämisse über die Verzinsung der Differenzinvestition entspricht dann der Realität, und das Rechenergebnis kann auf die Wirklichkeit übertragen werden.

Schwierigkeiten entstehen allerdings dann, wenn der für eine Investition angestrebte Zinssatz (die Zielsetzung) nicht mit dem Marktzinssatz übereinstimmt. Wählt man jetzt den angestrebten Zinsfuß als Kalkulationszinssatz, so kann man bei $C_0 = 0$ zwar wieder erkennen, daß der effektive Zinssatz mit dem angestrebten Zissatz übereinstimmt. Allerdings gilt diese Aussage dann nur für das jeweils investierte Kapital ohne Differenzinvestitionen. Ein vollständiges Bild erhält man nur dann und ein Alternativenvergleich ist nur möglich, wenn man die Differenzinvestition mit ihrer Verzinsung explizit in die Rechnung einbezieht.

Bei der Interne-Zinssatz-Methode wird derjenige Zinssatz der Differenzinvestition, bei dem auf das explizite Einbeziehen der Differenzinvestition in die Investitionsrechnung verzichtet werden darf, erst durch das Ergebnis der Rechnung bestimmt. Aber nur wenn die Differenzinvestitionen sich genau mit dem internen Zinssatz verzinst, muß sie nicht ausdrücklich in Alternativenvergleiche einbezogen werden.

Diese Prämisse der Internen-Zinssatz-Methode über die Verzinsung der Differenzinvestition ist offenbar völlig unrealistisch. Es wäre purer Zufall, wenn sich in einer Entscheidungssituation die Differenzinvestitionen gerade mit dem (vorher unbekannten) internen Zinsfuß rentierten. Die Interne-Zinssatz-Methode ist daher auf reale Entscheidungsituationen nicht anwendbar. Selbst in der einschlägigen Literatur findet sich daher der Vorschlag, dieses Verfahren aus Lehrbüchern der Investitionsrechnung zu tilgen.[45] In der Praxis ist die Interne-Zinssatz-Methode gleichwohl weit verbreitet und muß daher zur Kenntnis genommen werden.

Für den praktischen Einsatz bleibt man also auf die Kapitalwertmethode angewiesen, obwohl diese - wie gezeigt - auch nicht problemlos anwendbar ist.

Die Zahlungsvorgänge werden in der Kosten- und Leistungsrechnung in anderer Weise einzelnen Rechnungsperioden zugeordnet als bei der Kapitalwertmethode. Wegen der unterschiedlichen Periodisierung der Zahlungen können sich in den Resultaten beider Rechnungsarten Unterschiede ergeben, die sich auch auf die

---

45 vgl. etwa Haberstock/Dellmann 1971, S. 206

Präferenzordnung von Alternativen auswirken. Dies hängt damit zusammen, daß die Zinsen bei beiden Rechnungsarten für unterschiedliche Zeiträume anfallen und unterschiedlich berechnet werden. Man kann aber nun nachweisen, daß durch Ausgleich von Zinseffekten beide Rechnungsarten zum gleichen Ergebnis führen.[46] Allerdings gilt dies nur, soweit Kosten mit Auszahlungen und Leistungen mit Einzahlungen verbunden sind und zwischen Kosten und Auszahlungen bzw. zwischen Leistungen und Einzahlungen keine Wertunterschiede bestehen. Dies gilt gerade bei Energieversorgern, wenn dort, wie von Swoboda gefordert, Abschreibungen von Anschaffungswerten und Zinsen von Buchwerten berechnet werden.[47]

Investitionsalternativen übereinstimmender Laufzeit aber verschiedener Zahlungsreihen kann man anstatt mithilfe der Kapitalwertmethode auch anhand der Annuitätenmethode vergleichen. Bei der Annuitätenmethode werden alle Zahlungen aus einem Investitionsvorhaben (die gesamte Zahlungsreihe) für die gesamte Lebensdauer der Investition in gleiche jährliche Zahlungen umgerechnet. Man kann solche Zahlungen auch als jährliche "Rente" interpretieren, weshalb dieses Verfahren auch als "Rentenrechnung" bekannt ist. Es spielt im Bank- und Versicherungswesen eine große Rolle, weil dort oft mit gleichen periodischen Zahlungen gearbeitet wird (z.B. bei der Annuitätentilgung von Darlehen). Bei jährlichen Zahlungen und einer Lebendauer von n Jahren besteht die Zahlungsreihe dann aus n gleichen Zahlungen, die entweder zu Beginn(vorschüssige Rente) oder am Ende eines Jahres(nachschüssigse Rente) fließen. Eine Annuität besteht stets aus einem Zinsteil und einem Tilgungsteil. Der Zinsteil sinkt mit fortschreitender Laufzeit, weil damit auch das gebundene (zu verzinsende) Kapital abnimmt. Der Tilgungsteil wächst daher entsprechend mit fortschreitender Laufzeit.

Bei Darstellung der Kapitalwertmethode ist gezeigt worden, daß der Kapitalwert bei gleichen jährlichen Rückflüssen als rechnerisches Produkt des jährlichen Rückflusses mit einem Rentenbarwertfaktor bestimmt werden kann. Entsprechend läßt sich nun eine Jahresannuität über die bestimmte Laufzeit ermitteln, wenn man den Kapitalwert - oder allgemein: einen bestimmten einzusetzenden Kapitalbetrag - durch den Rentenbarwert *dividiert.* Der Kehrwert des Rentenbarwertes ist der sog. Wiedergewinnungsfaktor, der wiederum in speziellen finanzmathematischen Tabellen enthalten ist. Die Annuität erhält man daher auch durch Multiplikation des Kapitalwertes (eines Kapitalbetrages) mit dem Wiedergewinnungsfaktor. Der Kapitalwert (ein Kapitalbetrag) läßt sich also ohne ökonomischen Nachteil durch eine Abfolge solcher Annuitäten über die Dauer der Laufzeit ersetzen.

[46] Lücke-Theorem, Lücke 1955
[47] Swoboda 1996, S. 365

Im Zusammenhang mit der Annuitätenmethode stößt man auch auf die VDI-Richtlinie 2067.[48] Der erklärte Zweck dieser Richtlinie besteht darin, "die Kosten von Wärmeversorgungsanlagen zu berechnen und unter bestimmten ... Festlegungen miteinander vergleichen zu können. ... Diese Richtlinie ist auch bei Umstellungs- und Modernisierungsmaßnahmen sowie für die Aufstellung einer Nutzen-Kosten-Analyse für Energieversorgungsmaßnahmen entsprechend zu verwenden." Die Richtlinie geht zwar von Kosten aus, mündet aber - bei Nutzung des Lücke-Theorems[49] - in die Kapitalwertmethode und von daher in eine Annuitätenrechnung.

In VDI 2067 werden zunächst vier Gruppen von Kostenarten unterschieden.[50]

A Kapitalgebundene Kosten,
B Verbrauchsgebundene Kosten
C Betriebsgebundene Kosten,
D Sonstige Kosten.

Alle Kostenarten werden als Jahresgesamtkosten behandelt

Die sog. Kapitalgebundenen Kosten (A.) enthalten die Anschaffungskosten (die erforderlichen Auszahlungen zum Kauf der gesamten technischen Ausrüstung der beurteilten Energieversorgungsanlage, z.B. für Wärmeerzeuger, Feuerung, Rohrleitungen, elektrische Anlagen, samt Anschlußkosten, dazu Anlagen zur Brennstofflagerung und Kosten für Instandsetzung und Erneuerung). Für jede Anlagenkatogorie verlangt das Schema von VDI 2067 die Abgabe der geplanten Nutzungsdauer in Jahren. Außerdem ist positionsweise die Verzinsung ("Kapitalzins %") anzugeben.

Die Anschaffungskosten werden nun als anfängliche Investitionssumme behandelt. Diese Summe wird unter Berücksichtigung des angegebenen Kalkulationszinssatzes und der angenommenen Nutzungsdauer in eine jährliche Annuität umgerechnet.[51] In VDI 2067 werden die jeweiligen Annuitäten allerdings nicht als Beträge, sondern gleich als Prozentsätze vom Kapitaleinsatz (den Anschaffungskosten) zum Ausdruck gebracht (z.B. wie in VDI 2067 Blatt 1, S. 17 mit 9,37 %). Dazu kommt noch ein Prozentsatz für Instandhaltung (z.B. 2 %). Die Summe beider Prozentsätze ergibt dann den Prozentsatz, mit dem nach VDI 2067 die Anschaffungskosten multipliziert werden, um die Annuität zu erhalten. Diese Annuität entspricht nach der dort gewählten Terminologie den jeweiligen "Jahreskosten DM/a", z.B.: 10 000 . 0,1137 = 1 137,- DM/a.[52] Die Summe dieser

---

48 VDI 1983 Blatt 1
49 vgl. Lücke S. 46
50 VDI 2067 Blatt 1, S. 21
51 vgl. VDI 2067 Blatt1 Beiblatt, S. 23 f
52 vgl. VDI 2067 Blatt 1 Beiblatt, S. 21

"Jahreskosten" aller Kapitalgebundenen Kostenarten (A.) wird als "Zwischensumme A. 1 - A. 14" ausgewiesen.

Zu den "Kapitalgebundenen Kosten" werden nun positionsweise die übrigen Kostenarten addiert. Unter B. Verbrauchsgebundene Kosten erscheinen i. w. Kosten für Brennstoffe und Energie samt Anfuhr und Lagerkosten. Zu C. Betriebsgebundene Kosten zählen i. w. Kosten für Wartung und Reinigung sowie Ölschadenversicherung. D. Sonstige Kosten enthalten weitere Versicherungen, Abgaben, Kostensteuern und einen Zuschlag für "Verwaltungskosten".

Der unter D. 5 ausgewiesene Gewinn ist kein Kostenbestandteil. Das Schema nach VDI 2067 vermengt hier die deutlich zu trennenden Probleme "Kostenermittlung /Kalkulation" und "Bestimmung der Preisforderung für eine Leistungsart". Die Kostenarten der Positionen B - D. können im wesentlichen (mit wirtschaftlich vertretbaren Ungenauigkeiten) nach dem Identitätsprinzip zugerechnet werden (allerdings arbeitet die Praxis wegen unvollkommener Information in der Regel mit den geschätzen Kosten des ersten Jahres für den gesamten Zeitraum der wirtschaftlichen Nutzungsdauer).

Die Summe aller "Jahreskosten A. - D." wird schließlich unter der Position "Jahreskosten" ausgewiesen.

Methodisch ist das Vorgehen nach VDI 2067 für die Kapitalgebundenen Kostenarten (A.) eine dynamische Rechnung nach der Annuitätenmethode. Mit dem Übergang auf die folgenden Kostenarten (B. - D.) wechselt VDI 2067 aber zu einer statischen Rechnung. Es werden nämlich die jeweiligen Jahreskosten angesetzt, wobei im Prinzip von gleichen Positionen für alle Rechnungsjahre, also von durchschnittlichen Zeitwerten ausgegangen wird. Dies führt zu der formalen Inkonsequenz, daß auf der Basis von Barwerten berechnete Annuitäten für A. Kapitalgebundene Kosten mit Zeitwerten addiert werden. Bei einem formal widerspruchsfreien Verfahren müßten auch die Jahreskosten des gesamten Planungszeitraums aus den Positionen B. - D. in Annuitäten umgerechnet werden, und diese Annuitäten ließen sich dann mit den Annuitäten von A. Kapitalgebundene Kosten addieren.

Bisher ist nur auf eindimensionale Verfahren der Wirtschaftlichkeitsrechnung eingegangen worden. Mehrdimensionale Verfahren der Wirtschaftlichkeitsrechnung berücksichtigen im Gegensatz zu eindimensionalen Verfahren Entscheidungs- und Handlungsfolgen für mehrere Ziele. Neben (positiven) Zielbeiträgen (als erwünschte Entscheidungs- und Handlungsfolgen) werden dabei aber auch unerwünschte (negative) Konsequenzen ausdrücklich beachtet. Daher arbeiten die mehrdimensionalen Verfahren mit mehreren Beurteilungskriterien (Kriterien), welche sowohl erwünschte als auch unerwünschte Entscheidungs- und Handlungsfolgen ausdrücklich berücksichtigen. Entsprechend hat man bei den mehrdimensionalen Verfahren "positive" und "negative" Kriterien. Jedes Kriterium umfaßt prinzipiell nur einen *Ausschnitt* der entscheidungs- bzw. handlungsabhängigen Folgen, jeweils auf der Basis einer individuellen Dimensionierung (z.B. Kosten, Mengengrößen, Zeitgrößen). Alle Bewertungskriterien zusammengenommen sollen die Gesamtheit dieser Konsequenzen abbilden.

Mehrdimensionale Verfahren mit n Kriterien ergeben grundsätzlich für jedes Kriterium eine andere (partielle) Präferenzordnung der Alternativen. Diese n Präferenzordnungen lassen sich in der Regel nicht unmittelbar mithilfe eines gemeinsamen Nenners zu je einem einheitlich dimensionierten Wert einer Alternative umformen. Um daraus eine insgesamt gültige Präferenzordnung der Alternativen (totale Präferenzordnung) zu entwickeln, benötigt man Angaben über Zielgewichte und eine Vorschrift zur Verschmelzung (Amalgamierung) der n partiellen Präferenzordnungen zu einer totalen Präferenzordnung der Alternativen. Der Fall, daß eine Alternative mindestens bei einem Kriterium die partielle Präferenzordnung anführt, bei den anderen Kriterien aber nicht schlechter ist als die übrigen Alternativen ist selten. Nur bei diesem "Pareto-Optimum" sind Gewichtung und Amalgamierung entbehrlich.

Mehrdimensionale Verfahren der Wirtschaftlichkeitsrechnung kommen auch in der Praxis vor. Sie sind aber ursprünglich vor allem dort empfohlen worden, wo Beiträge für ökonomische (monetäre) Ziele aufgrund extremer Unsicherheit kaum zu ermitteln sind, so bei der wirtschaftlichen Beurteilung von Forschungs- und Entwicklungsprojekten.[53] Sie sind dort unter den Begriffen Scoring- oder Rating-Modelle bzw. Nutzwertanalyse bekannt geworden. Aber auch bei anderen Entscheidungsmodellen ist der Umstand mehrdimensionaler Zielsysteme in der Praxis seit langem empirisch bestätigt.[54]

Die Ausgangsüberlegungen für solche Modelle resultieren aus zwei unterschiedlichen Ansichten. Nach der ersten Ansicht besteht eigentlich nur Interesse an monetären Zielbeiträgen. Mangels ausreichender Prognosesicherheit über diese Zielbeiträge müsse man jedoch auf Ersatzkriterien zurückgreifen, deren Beiträge mit den eigentlich wesentlichen Zielbeiträge positiv korreliert sind. Die zweite Ansicht postuliert ausdrücklich, daß bei Entscheidungen der Praxis *mehrere* Ziele bzw. Beurteilungskriterien beachtet werden und daher auch in entsprechende Entscheidungsmodelle eingehen müssen. Die Struktur der mehrdimensionalen Entscheidungsmodelle ist allerdings ohnehin unabhängig von der spezifischen Begründung für diese Modellkonzeption.

Entscheidungsmodelle des Typs Nutzwertanalyse dokumentieren stets das spezifische Ziel- und Wertsystem eines bestimmten Entscheidungsträgers. Kriterien, Gewichte und Amalgamierungsregeln sind daher stets subjektiv, und es fehlt ih-

[53] vgl. etwa Strebel 1975
[54] Hauschildt 1977

ren Details eine gewisse Allgemeinverbindlichkeit bzw. Akzeptanz bei anderen Entscheidungsträgern.

Allerdings bilden solche Entscheidungsmodelle die logische Struktur der Bewertung und Entscheidung bei mehreren Kriterien ab und ermöglichen dem Beurteiler selbst, seinen Bewertungs- und Entscheidungsprozeß zu durchleuchten und zu gestalten sowie diesen - auch im eigenen Interesse - zu dokumentieren. Darin liegt die eigentliche Bedeutung der Anwendung solcher Verfahren.

Da die verschiedenen Entscheidungsmodelle oft unterschiedliche Zielbeiträge erfassen, muß man sich bei der Entscheidungsvorbereitung nicht auf *ein* Modell beschränken.

So ist das erste Beispiel aus der Praxis[55] alternativ anhand einer dynamischen Investitionsrechnung und anhand einer Nutzwertanalyse analysiert worden. Dabei waren zwei verschiedene Bewertergruppen unabhängig voneinander tätig. Beide Analysen haben im Beispiel zur Empfehlung geführt, die Hackschnitzelheizung einzuführen. Die Informationen aus solchen Entscheidungskalkülen sind im folgenden auch aus der Sicht der beteiligten Akteure zu diskutieren.

2. Akteurspezifische Aspekte

2.1 Resultate und Absichten von Energieeinsatz und Energieverwendung

Jeder Energieeinsatz bei der Produktion bedeutet auch Energieumwandlung. Energieumwandlung erbringt aber bekanntlich nicht nur die erwünschte Energieart (Nutzenergie), sondern - als Kuppelprodukte - auch andere Energiearten, die im Verhältnis zum jeweiligen Produktziel Energieverluste darstellen (z.B. Lärm, Erschütterungen, Abwärme). Wirtschaftlicher Energieeinsatz bedeutet daher zunächst Vermeiden von Energieverlusten. Hierzu dienen viele technische Entwicklungen mit Erhöhung des Wirkungsgrades. So kann durch Kombination von Dampfturbine mit Gasturbine mit vorgeschalteter Kohlevergasung ein Wirkungsgrad von 48 % erreicht werden. Brennstoffzellen lassen Wirkungsgrade bis 65 % erwarten. Blockheizkraftwerke erlauben sogar Wirkungsgrade bis 90%, verlangen aber gleichzeitigen Strom- und Wärmebedarf.[56]

Da zwischen Einsatzmengen von fossilen Brennstoffen und der Produktion von CO_2 ein linearer Zusammenhang besteht, geht die Erhöhung des technischen Wirkungsgrades mit der Reduktion von CO_2 konform. Dies ist auch deshalb be-

---

[55] vgl. 3.

[56] Prognos 1995, S. 75ff; vgl. hierzu auch Fahl/Herrmann/Voß 1995

deutsam, weil bei bereits entstandenem CO_2 technisch keine Nachsorge möglich ist, dieser Stoff also in die Atmosphäre emittiert werden muß.[57]

Beim Energieeinsatz in Industrie und Handel werden vielfach nicht unmittelbar die bezogene Sekundärenergieart gewünscht (z.B. elektrische Energie), sondern der Bedarf ist auf bestimmte Funktionen gerichtet, die durch diesen Energieeinsatz erfüllt werden können. Dieser Aspekt ist Ausgangspunkt des sog. Least-Cost-Planning (LCP) (auch: Integrated Resource Planning (IRP)) Beim sog. Least-Cost-Planning wird in diesem Kontext auch von "Energiedienstleistungen" gesprochen.[58] "Energiedienstleistung bedeutet also z.B. beleuchtete Räume, gekühlte Räume, Bereitstellung von heißem Wasser für den Küchenbetrieb, Betrieb der Bürogeräte oder der Produktionsmaschinen etc..".[59] Dieser Zusammenhang wird in Abbildung 3 verdeutlicht.[60]

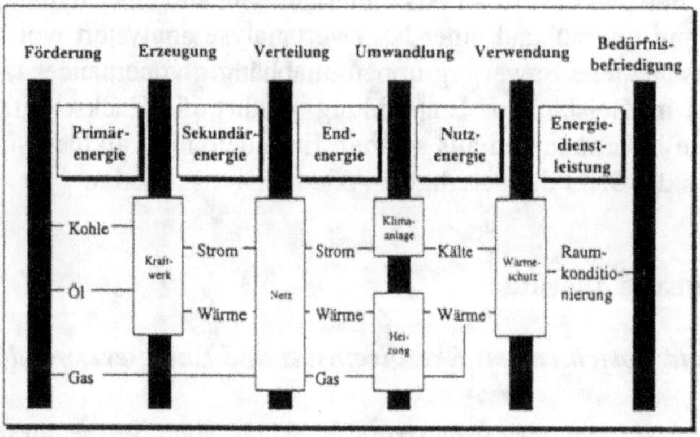

Abb. 3 Prozeßkette der Energieumwandlung am Beispiel Raumkonditionierung

2.2 Energiedienstleistungen und Contracting

"Ein zusätzlicher Energiedienstleistungsbedarf in einem bestimmten Energieanwendungsbereich bei einem bestimmten Verbraucher kann ... durch zusätzliches Angebot an Endenergie und/oder durch die Verbesserung der Umwandlungs- oder Umgebungstechnik bzw. die Optimierung des Energienutzungsverhaltens, also die Erschließung von Einsparpotentialen, gedeckt werden".[61] Ziel des Least-Cost- Planning ist es dann, die gewünschten Funktionen (Energiedienstleistungen) zu geringsten Kosten bereitzustellen.[62] Allerdings sollten beim Least-Cost-Planning auch die volkswirtschaftlichen Kosten in Rechnung gestellt wer-

[57] Cavanagh 1986, S. 314ff
[58] vgl. Hennicke 1993, S. 3
[59] Leemann 1992, S. 44
[60] Hasse 1996, S. 19
[61] Hasse 1996, S. 19
[62] vgl. zum Folgenden auch Strebel 1999

den, was aber offenbar kaum realitätsadäquat möglich ist.[63] So stehen theoretische und praktische Hindernisse der Aufnahme externer Kosten entgegen, obwohl diese Kosten oft erheblich sind.[64]

Das Least-Cost-Planning orientiert sich an der Idee, Funktionen von Energiearten zu wirtschaftlichsten Bedingungen bereitzustellen. Dies entspricht vollkommen dem aus der Industrie bekannten Konzept der Wertanalyse.[65] Auch Wertanalyse verlangt die Orientierung an den vom Verwender gewünschten Funktionen und ihre Realisation zu geringsten Kosten oder günstigstem Nutzen-Kosten-Verhältnis, allerdings nicht nur für Energie, sondern für jede eingesetzte Güterart und jedes angewandte Verfahren. Damit kann die Wertanalyse-Methodik auch den Einsatz des Least-Cost-Planning unterstützen.

Es ist erklärte Absicht des Least-Cost-Planning bzw. des Integrated Resource Planning (vor allem des letzteren)[66] Energiedienstleistungen auch bei größtmöglichster Umwelt- und Ressourcenschonung, d.h. mit entsprechender Vermeidung volkswirtschaftlicher Kosten, bereitzustellen, was aus der Bezeichnung Least-Cost-Planning an sich nicht hervorgeht.

So liegt es auch nahe, dem Energieverwender z.B. nicht die zur Energiedienstleistung erforderliche elektrische Energie, sondern gleich die gewünschte Nutzenergie (Energiedienstleistung) zur Verfügung zu stellen und diese Lieferung zur Grundlage des Entgeltsanspruchs zu machen. Eben dieses ist Inhalt des sog. Performance- (oder Einspar-)Contracting, das im folgenden einfach "Contracting" genannt wird. Dabei handelt es sich "um die vertragliche Fixierung von Energieeinsparungen entlang der gesamten nutzerseitigen Umwandlungskette der Energie, die ein Dritter - bei gegebener Energiedienstleistung - für einen Energieverbraucher vornimmt".[67]

Das Leistungsangebot des Performance-Contracting geht allerdings regelmäßig über die Erfüllung der Energiedienstleistung hinaus und kann folgende Bestandteile umfassen:[68]

- Beratung, Analyse,
- Planung,
- Ausschreibung,
- Ausführung,
- Finanzierung,
- Betriebsführung,
- Wartung, Instandhaltung,
- Verrechnung.

---

[63] vgl. Koomey 1990, S. 26; vgl. auch Prognos 1992, S. 88ff
[64] vgl. Prognos 1995, S.5
[65] vgl. Jehle 1996
[66] vgl. Winje 1992, S. 1063
[67] Helle 1994, S. 44
[68] Leitgöb u. a. 1997, S. 15ff

Bei den meisten von Leitgöb u. a. erläuterten Beispielen (davon drei deutsche, drei österreichische und ein spanisches) werden außer der Betriebsführung zumeist alle Leistungsangebote akzeptiert.

Offenbar kommt ein solches Contracting auch für *industrielle* Energieverbraucher in Betracht, wenn diese die mit dem gewünschten Stromeinsatz verbundenen Investitionen nicht in eigener Regie vornehmen können oder wollen. Auch für Kommunen ist das Contracting bedeutsam[69] und sie sind bisher sogar vorrangig am Contracting beteiligt. Nach der bisherigen Verbreitung des Contracting führen "öffentliche Hand und Wohnungswirtschaft ... als wichtigste Kunden das Feld vor Industrie und Gewerbe klar an".[70]

So gibt es in Berlin seit 1996 eine "Energiesparpartnerschaft für öffentliche Gebäude"[71], bei der *alle* o.a. Leistungsangebote vom Contractor wahrgenommen werden. Dabei wird die gesamte Energiebewirtschaftung von rund 45 öffentlichen Liegenschaften (Schulen, Kindertagesstätten, Büroräume, Seniorenheime, Einrichtungen des Senates, Fuhrpark) für eine Laufzeit von zwölf Jahren und neun Monaten auf externe Partner übertragen, was dem Land Berlin über die gesamte Vertragsdauer eine Haushaltsentlastung von ca. 45 Mio DM bringen soll.

Als Gründe für die Realisierung dieses Projektes werden angegeben:[72]

- CO_2-Reduktion um 25 % bis zum Jahre 2010
- Realisierung von Kostenreduktionen bei der Energiebereitstellung
- Fachlich kompetente Energiebewirtschaftung
- Schaffen eines Modells zum Klimaschutz auch mit privatwirtschaftlichem Engagement.

Unter anderem für Klein- und Mittelbetriebe bietet die hessenENERGIE Contracting-Verträge für Blockheizkraftwerke kleinerer Leistung an, stößt jedoch dabei auf eine Reihe von Hemmnissen bei potentiellen Investoren, nämlich:

- mangelndes technisches Know-How und fehlende Kenntnis der vertragsrechtlichen Situation beim Energiebezug
- notwendiger Planungsaufwand und Wissenserwerb
- Finanzierungsprobleme
- uneinlösbar hohe Rentabilitätsanforderungen
- fehlende Motivation zur Verringerung der Energiekosten.[73]

Auch die Finanzierung der Investitionen zur Bereitstellung der gewünschten Energiedienstleistungen bleibt dem Contractor, weshalb Contracting Modelle

[69] Helle 1994, S. 44
[70] Franzke/Bosse/Hintze 1997, S. 472
[71] zum folgenden Leitgöb u. a. 1997, S. 32ff
[72] vgl. Leitgöb u. a. 1997, S. 33
[73] Leitgöb u. a. 1997, S. 12

auch als "Drittfinanzierung" beschrieben werden.[74] Auch den notwendigen Energieträger (z.B. elektrischen Strom), bezieht der Contractor auf eigene Rechnung, und die Bereitstellung der Energiedienstleistungen zu geringsten Kosten bedeutet nicht nur wirtschaftliche Prozeßgestaltung beim Energieversorgungsunternehmen, sondern auch Vermeidung von Leitungsverlusten und Wahrnehmung aller Möglichkeiten der Energieersparnis bzw. der Höchstlastoptimierung beim Endergieverwender. Damit ist Least-Cost-Planning für beide Gruppen von Akteuren von wirtschaftlichem Interesse.

Besonders betont wird oft das Ersparnispotential des Energie*verwenders*: "Die LCP-Überlegungen setzen in der Regel voraus, daß beim Verbraucher wirtschaftliche Energieeinsparmöglichkeiten vorhanden sind...".[75] Auch durch adäquates Verhalten des Energieverwenders wird nämlich der Bedarf an Primärenergie und folglich auch die CO_2-Emission und somit das Entstehen volkswirtschaftlicher Kosten gemindert.

Gewerbliche Abnehmer sind an der Reduktion des Energieverbrauchs vor allem dann interessiert, wenn sie mit energieintensiven Produktionsprozessen arbeiten. Wirtschaftliche Einsparmöglichkeiten für Energie folgen hier oft aus Änderungen technischer Verfahrensbedingungen oder gar der technischen Verfahren. Ein Beispiel bietet die Ammoniaksynthese.[76] Im Ammoniaksyntheseofen wird nur ein Bruchteil der Reaktionspartner Wasserstoff und Stickstoff in Ammoniak umgesetzt. Das gebildete Ammoniak wird hinter dem Reaktor durch Kühlung aus dem Reaktionsgemisch (dem Kuppelproduktpäckchen aus Ammoniak, Wasserstoff und Stickstoff) abgeschieden und das verbleibende, nicht umgesetzte Gasgemisch zusammen mit frischem Synthesegas wieder in den Reaktor zurückgeführt. Da das Volumen des Syntheseproduktes um 50% geringer ist als das Volumen der dafür eingesetzen Reaktionspartner, wird die Ausbringungsmenge an Ammoniak durch hohen Druck begünstigt. Aus der Sicht des Energieverbrauchs lag der optimale Synthedruck ursprünglich bei 250 bar. Durch Reduktion des Synthesedrucks auf 80 bar ist zwar der Ammoniakanteil im Kuppelproduktpäckchen gesunken, durch häufigere Rückführung noch nicht umgesetzter Reaktionspartner konnte jedoch gleichwohl eine befriedigende Ausbringungmenge/Zeiteinheit an Ammoniak erreicht werden. Gleichzeitig konnte man aber den Energieeinsatz zur Frischgasverdichtung so reduzieren, daß trotz Erhöhung des Energiebedarfs zur Kreislaufverdichtung insgesamt bedeutende Energie- (und Energiekosten-) minderungen erzielt worden sind.

Soweit es allerdings um Privathaushalte und um sog. "Kleinverbraucher" geht, auf die in Deutschland 1994 immerhin 13,2 bzw. 7,2 % der Gesamtemissions-

[74] Leitgöb u. a.1997
[75] Lüschen/Sonntag/Werner 1995, S. 129
[76] zum folgenden Fitzer/Fritz 1989, S. 57ff, Emons u. a. 1990, S. 154ff

menge an CO_2 entfallen,[77] ist das Interesse an solchen Aktivitäten möglicherweise beschränkt. Schon wegen des relativ geringen Energiepreises und eines recht bescheidenen Anteils der Energiekosten im Haushaltsbudget spielt der Energieverbrauch für den Haushalt eine relativ unbedeutende Rolle. Das IFO-Institut hat 1987 für die Stromkosten der Privathaushalte in Deutschland bei 72 % der Befragten Kostenanteile von maximal 5 % des Haushalts-Nettoeinkommens ermittelt. Nach derselben Umfrage fühlten sich 26 % der Befragten durch die Stromkosten "kaum", 53 % nur "mäßig" belastet.[78] Auch Hasse sieht zumindest für Deutschland faktisch nur geringe Einsparpotentiale und definiert Potentiale der Nachfragebeeinflussung beim Energieverbrauch lediglich als "Ressourcen im Experimentalstadium ... deren Verfügbarkeit - ähnlich wie etwa der Sonnenenergie - nicht sichergestellt ist, die es jedoch aufgrund ökonomischer und ökologischer Entwicklungen langfristig zu entwickeln gilt.[79]

In diesem Zusammenhang ist es angebracht, näher auf das Verbrauchsverhalten der Privathaushalte einzugehen. Energie wird von diesen offenbar als relativ billiges Gut eingeschätzt. Strom wird in der Literatur sogar als "meritorisches" Gut genannt; dies ist ein Gut, das die Verbraucher notorisch unterbewerten.[80] Auch an elektrischen Haushaltsgeräten angegebene Verbrauchsgrößen, die Ersparnisse gegenüber Vergleichsgeräten erkennen lassen, treten daher bei der Kaufentscheidung gegenüber den Anschaffungspreisen zurück. Wird Strom als billig empfunden, so müssen schon beachtliche Verbrauchsdifferenzen vorliegen, damit die geringen Verbrauchskosten eines Gerätes A in kürzerer Zeit Anschaffungspreisnachteile dieses Gerätes gegenüber einem verbrauchsgünstigeren Gerät B amortisieren. Ist die Amortisationsdauer im Urteil des Verbrauchers zu lange, so dominiert bei der Verkaufsentscheidung der Gesichtspunkt des geringeren Anschaffungspreises.

Das typische Budgetierungsverhalten der privaten Haushalte steht dem Kauf energiesparender Gerätetypen oft entgegen. Beim Kauf größerer, also relativ teurer Geräte, entwickelt der Haushalt vorab Vorstellungen über den Betrag, den er dafür im Rahmen seines Haushaltsbudgets maximal ausgeben kann und will. Dieser Betrag liegt demnach - zumindest der Größenordnung nach - infolge dieser Zuordnungsentscheidung relativ fest. Wirtschaftlichere, aber eben teurere Geräte haben so oft das Nachsehen. Amortisationsüberlegungen treten zurück. Dies ist auch aus der Sicht des Energieverbrauchs bedauerlich, weil verbrauchte Energiemengen - bei bestimmter Betriebsdauer und bestimmten Betriebsbedingungen - von den konstruktiven Merkmalen der Geräte abhängen. Der Käufer bestimmt also mit der Kaufentscheidung für ein bestimmtes Gerät seine Verbrauchsmengen weitgehend und bis zum Ende der Nutzungsdauer dieses Gerätes

---

[77] Statistisches Jahrbuch 1997, S. 725
[78] Rammner 1988, S. 244
[79] Hasse 1996, S. 34
[80] Teufelsbauer 1991, S. 234ff

irreversibel. In diesem Sinne fordert eine Publikation unter der Überschrift "Energiesparen mit Haushaltsgeräten" denn auch: "wenig Energieverbrauch einkaufen".[81] Nachfolgende Aktionen können bedeutend weniger zur Senkung des Energieverbrauchs beitragen. Dies gilt auch für jenen Schwaben, der während der abendlichen Bettlektüre beim Umblättern das Licht ausknipst, um Strom zu sparen.[82]

Der Einfluß der Energieverbrauchsdaten auf die Käuferentscheidung ist auch deshalb beschränkt, weil sich diese nicht nur nach dem Anschaffungspreis richtet, sondern zahlreichen anderen Wirkungen unterliegt. Bei der Vorbereitung einer Kaufentscheidung nimmt der potentielle Käufer nämlich vielfältige Informationen über das zum Kauf anstehende Produkt auf. Die dabei wahrgenommenen Informationen lassen sich gewissermaßen als Reize interpretieren, denen angesprochene Interessenten ausgesetzt sind und die von diesen verarbeitet werden. Diese Reize führen schließlich zu einer bestimmten Reaktion in Bezug auf das Produkt, etwa einem Kauf.

Dabei ist die Informationsverarbeitung stark subjektiv geprägt. Informationen werden individuell recht unterschiedlich wahrgenommen, so daß es oft nicht einmal möglich ist, anhand von Tatsachen zu entscheiden, ob der Mensch eine Information aus seiner Umgebung "richtig" oder "falsch" interpretiert. Auch objektiv übereinstimmende Sachverhalte können nämlich von zwei Personen durchaus verschiedenartig verstanden werden.[83] Im Rahmen dieses Problems, das hier nur angedeutet werden kann, sind Informationen über Energieverbräuche nur *ein* entscheidungsrelevanter Gesichtspunkt. Wie dieser auf das Resultat der Entscheidung durchschlägt, hängt in erheblichem Maße von den Reizen ab, die von anderen Produktinformationen ausgehen, aber auch von der grundsätzlichen Einstellung des Käufers gegenüber dem Energieverbrauch.

Zu diesen ökonomischen und psychologischen Aspekten kommen noch Besonderheiten in der Informationslage der privaten Haushalte. Verbrauchsmengen bzw. Mengenersparnisse an Energie können oft nicht unmittelbar in Geldersparnisse umgerechnet werden. Solche Ersparnisse, aber auch Mehrkosten, zeigen sich erst in der Stromrechnung. Diese kommt aber gegen Jahresende, und der Stromverbrauch wird während des Jahres durch monatliche Abbuchungen berücksichtigt, was das Verbraucherverhalten zumeist unberührt läßt. Der Inhalt der Stromrechnung kann vom Verbraucher auch oft nicht aufgeschlüsselt werden, und die Beträge in der Stromrechnung lassen sich nicht einzelnen Verbrauchsarten oder Geräten verursachergerecht zuordnen. Über Tarifsystem und Rechnungskomponenten (Verbrauch, Arbeits-, Grund-, Bereitstellungs- und Verrechnungspreis) bestehen im allgemeinen in Haushalten unvollkommene Informatio-

[81] ORF/ Bundesministerium für Umwelt, Jugend und Familie, o. O., S. 40
[82] nach Troll 1967, S. 60
[83] zu Einzelheiten vgl. Kroeber-Riel 1990, S. 267ff

nungskomponenten (Verbrauch, Arbeits-, Grund-, Bereitstellungs- und Verrechnungspreis) bestehen im allgemeinen in Haushalten unvollkommene Informationen. Nachfragerreaktionen sind aber kaum zu erwarten, wenn der Verbraucher nicht genügend "durchblickt" und daher auch nicht versteht, wie angekündigte Tarifänderungen auf seine Stromrechnung durchschlagen. Dabei spielt auch die Höhe des verfügbaren Haushaltseinkommens eine wesentliche Rolle.[84]

Eine problemrelevante Besonderheit liegt auch im spezifischen Gutscharakter des elektrischen Stroms. Der Haushalt kennt ansonsten stoffliche, jedenfalls als solche erkennbar Güter, zu denen auch die beanspruchten Dienstleistungen gehören. Das Gut "elektrische Energie" tritt hingegen als solches im Haushalt gar nicht in Erscheinung. "Strom kommt aus der Steckdose", d. h. er wird "durch Einschalten", also just-in-time bezogen. Dies ist nur am Zähler erkennbar und äußert sich im übrigen in der Funktionserfüllung betriebener Geräte (z.B. Licht geben, Musik machen, Gerät antreiben, Heizen etc.). Das Gut "elektrische Energie" erscheint rechnerisch nur in abstrakten Verbrauchsgrößen, aus denen sich auch die Kosten des Energieverbrauchs ableiten. So bereitet Energieverbrauch und Stromsparen auch der menschlichen Vorstellungswelt Probleme, was den wirtschaftlichen Umgang mit Strom nicht erleichtert.

Für 1994 nennt das Statistische Jahrbuch 1997 für die Bundesrepublik Deutschland eine Gesamtemission an CO_2 von 905 Mio t, wofür eine Sauerstoffentnahme von 658,18 Mio t stattfindet.[85] Dies entspricht dem stöchiometrischen Verhältnis von 44 (für CO_2) zu 32 (für O_2). Haushalte und Kleinverbraucher sind an dieser Emission mit 21,4 % beteiligt.[86] Für 1994 schätzt v. Braunmühl für die Raumwärmeerzeugung bei Haushalten, Kleinverbrauchern und Industriegebäuden einen Anteil von 30 %.[87] Gerade bei der Raumwärmeerzeugung bestehen noch erhebliche Rationalisierungsmöglichkeiten, deren Nutzung auch eine entsprechende Reduktion von CO_2-Emissionen bewirken könnte.[88]

Speziell bei der Raumwärmebereitstellung bestimmen die folgenden technischen Sachverhalte das notwendige Ausmaß an Energieeinsatz: verwendete Heiztechnik, verwendeter Brennstoff, Steuerung, Regelung und Verteilung sowie die Gebäudehülle(Wärmeschutz etc.).[89] 1994 liegt der Energiebedarf für Raumwärme" im gängigen Neubau bei etwa 120 kWh/m², in Häusern mit verbessertem Wärmeschutz bei etwa 80 kWh/m² und im Niedrigenergiehausbau bei ca. 30 - 50 kWh/m² und Jahr".[90] Hier wie bei anderen Energieeinsätzen ist der Einfluß der

[84] vgl. Rammner 1988, S. 241
[85] Statistisches Jahrbuch 1997, S. 720
[86] Statistisches Jahrbuch 1977, S. 725
[87] v. Braunmühl 1994, S. 355
[88] vgl. v. Braunmühl (1994), S. 356f
[89] v. Braunmühl 1994, S. 356
[90] v. Braunmühl 1994, S. 356

verweist in diesem Zusammenhang schon 1991 auf "10 - 20 % Minderung der CO_2-Emission bei Heizungsanlagen".[91]

Durch Einsatz entsprechender Technologien sinkt der Bedarf an bezogener Energie, damit auch der entsprechende Energiekostenbetrag des Contractors. Da der Bezieher von Energiedienstleistungen die Ausgangsenergie nicht mehr beziehen muß und dafür sowie für die Energieumwandlung in seine gewünschte Nutzenergie keine technischen Anlagen mehr bereitstellt, sinken auch *seine* Kosten. Da diese Effekte aber auch geringere CO_2-Emissionen bewirken, reduzieren sich schließlich auch daraus erwachsende volkswirtschaftlichen Kosten.

Soweit die durch veränderte Energieumwandlungs- und -nutzungstechnik erzielten Kostenminderungen dem Contractor zuwachsen, sind sie Rückflüsse aus seinen Investitionen, die auch zu deren Amortisation beitragen. Eine umfassende Verbreitung des Contracting und damit ein Ausschöpfen seiner betriebs- und volkswirtschaftlichen Vorteile ist allerdings nur dann zu erwarten, wenn die an das Contracting geknüpften betriebswirtschaftlichen Vorteile so zwischen Contractor und Nutzer der Energiedienstleistung aufgeteilt werden, daß beide Partner ihre Anspruchsniveaus als befriedigt betrachten.[92] Offenbar gilt diese Bedingung in den als erfolgreich bekannten Beispielen.[93]

Nach Leitgöb u. a. 1997[94] haben sich folgende Modelle in der Praxis bewährt:

1. Der Contractor ist - zumeist über eine vereinbarte Vertragsdauer - anteilig an den tatsächlichen Kostenminderungen beteiligt (in der Regel zu 50 %)

2. Die erzielten Einsparungen erhält der Contractor in vollem Umfang zur Refinanzierung. Sobald die Refinanzierung erreicht ist, gilt der Vertrag als beendet und das Investitionsgut geht in das Eigentum des Nutzers über.

3. Der Contractor garantiert dem Nutzer eine Mindestersparnis.

Allerdings ist bisher die Interessenlage der Energieversorger nicht beachtet worden. Bei den Energieversorgungsunternehmen sinken durch reduzierten Energieverbrauch beim Abnehmer die Absatzmengen und die Erlöse und folglich - bei kostendeckenden Preisen - die Deckungsbeiträge bzw. der Gewinn. Danach haben sie kein Interesse am Contracting. Könnte man allerdings den Energieversorgungsunternehmen Absatzpreise für Energie vorschreiben, die ihre Produktions- und Verteilungskosten decken, aber nur einen beschränkten Gewinn erlauben, ergäbe sich eine andere Situation. In diesem Falle hätten die Energieversor-

[91] BMFT 1991, S. 14; vgl. hierzu auch Jochem u. a. 1997

[92] hierzu Gerking 1997, S. 3f

[93] v. Braunmühl 1994, S. 355ff, VDI 1997

[94] Leitgöb, S. 8f

gungsunternehmen nämlich ökonomische Anreize zur Kostensenkung, weil sie nur so einen höheren Gewinn erzielen könnten, und dies müßte wiederum die Idee des Least-Cost- Planning mit Contracting begünstigen. Allerdings müßte dann den Energieversorgern ein angemessener Teil der mit Contracting erzielten Kostenminderungen zuwachsen.[95] Dies beachten etwa die in den Vereinigten Staaten bekannten Shared-Savings-Modelle, bei denen ein Energieversorgungsunternehmen einen festgelegten Anteil des - nach einem bestimmten Verfahren berechneten - gesellschaftlichen Nettonutzens seiner Geschäftstätigkeit erhält.[96]

Interesse der Energieversorger an Least-Cost-Planning mit Contracting wäre auch dann zu vermuten, wenn diese Unternehmen - bei unveränderten Absatzpreisen - Kostenersparnisse nutzen können, welche Erlösminderungen übertreffen.[97] In diesem Zusammenhang ist auch auf Möglichkeiten hinzuweisen, durch Vermeidung, Verringerung oder Verschiebung von Investitionen in Versorgungskapazitäten letzten Endes auch Kosten der Energiebedarfsdeckung zu reduzieren.[98] Dies wird vor allem von Swoboda betont.[99] Danach vermeidet man zwar kurzfristig durch Sparoptionen für Energie nur relativ geringe beschäftigungsvariable Kosten. "Diese Argumentation übersieht jedoch, daß der Energiebedarf, mit oder ohne Energieersparnisse, wachsen wird. Längerfristig ist somit ein Ausbau der Energieproduktion erforderlich. Energiesparinvestitionen vermindern die Ausbaunotwendigkeit ... Energieersparnisse sind daher mit den infolge der Reduzierung des Ausbauprogramms bzw. des Ausfalls von Ersatzinvestitionen (langfristig) ersparten Kosten zu bewerten ... Da es darum geht, zu ermitteln, welche Kosten durch eine Reduzierung des Ausbauprogramms für die Energieproduktion und -verteilung erspart werden, ist nicht auf die Kosten der bestehenden Erzeugungsanlagen und Verteilungsnetze abzustellen, sondern auf die Kosten, die durch den Bau künftiger Erzeugungsanlagen und den Ausbau der Verteilunganlagen entstehen würden".[100] Zudem muß wegen wachsender Umweltschutzaufwendungen auch mit höheren Produktionskosten gerechnet werden. Technological Futures and Scientific Foresight[101] zitieren eine Studie, nach der die realen Kosten von Kohlekraftwerken um 68 % gestiegen sind, wobei vor allem Aktivitäten zur Reduktion der SO_2-Emission durchschlagen. Diesen Zusammenhängen steht allerdings oft eine recht kurzfristige (und kurz*sichtige*) Betrachtungsweise von Energieversorgungsunternehmen gegenüber: " ... ist LCP aus betriebswirtschaftlichen Gründen für das Elektrizitätsversorgungsunternehmen nicht praktikabel, denn die Erlösreduktion durch Stromsparmaßnahmen der Kunden über-

[95] vgl. Beispiele bei v. Braunmühl 1994, S. 356

[96] vgl. z.B. Chamberlin/Brown/Reid 1993

[97] vgl. Brand 1991, S. 94ff

[98] vgl. Hennicke 1993, S. 57

[99] Swoboda 1994, S. 6ff

[100] Swoboda 1994, S. 7

[101] Technology Futures 1984, S. 129

steigt die Kosteneinsparungen auf der Angebotsseite, *da im wesentlichen nur bewegliche Kosten und keine fixen Kosten eingespart werden können*".[102]

Gleichwohl wird über das Contracting als neues Geschäftsfeld für Energieversorger intensiv nachgedacht, zumal man das Marktvolumen in Deutschland auf bis zu 1.500 Mio DM/Jahr schätzt.[103] In diesem Kontext wird auch auf das "CO_2-Reduktionspotential" hingewiesen.[104]

Die Nutzung des Contracting durch einen Energieversorger läßt sich als Spezialfall des bereits früher[105] dargestellten betriebswirtschaftlichen Entscheidungsproblems "Eigenversorgung oder Fremdversorgung" verstehen.

Diese Frage stellt sich im Betrieb immer dann, wenn eine bestimmte Leistungsart fremdbezogen werden kann, der Betrieb aber aufgrund seiner Ausstattung mit technischen Einrichtungen und entsprechend qualifiziertem Personal auch in der Lage wäre, diese Leistungsart selbst zu erstellen.

Stellt das Unternehmen ein entsprechendes Potential bereit, so lautet die Frage, ob dieses Potential für einen bestimmten Planungszeitraum dauerhaft für die Produktion einer bestimmten Leistungsart eingesetzt werden soll oder nur fallweise, z.B. je nach der aktuellen Beschäftigungslage, oder ob die entsprechende Leistungsart fremdbezogen werden soll.

Diese Frage stellt sich auch bei bereits vorhandenem eigenen Potential. Die Antwort darauf beeinflußt die Kosten, die man jeweils für die Alternativen "Eigenleistung" oder "Fremdbezug" ansetzen muß.

Jedenfalls verursacht das Bereitstellen von Produktions- bzw. Leistungspotentialen für bestimmte Leistungskategorien, also Energiearten oder Energiedienstleistungen, oft erhebliche Investitionssummen und Bereitschaftskosten.

Schon um diese zu vermeiden wird man, wie beim Contracting, gerne auf fremde Potentiale zurückgreifen, um solche Energiearten bzw. entsprechende Energiedienstleistungen zu liefern. Dies gilt auch dann, wenn diese Leistungsarten beträchtliche wirtschaftliche Potentiale verkörpern.

Vermeidung solcher Investitionen und Kosten bedeutet nämlich auch Umgehen daraus folgender Risiken (Verlustgefahren), deren Ausmaß mit Investitions- und Kostenvolumen wächst. Wegen solcher Investitionen und dem Zwang, diese zu amortisieren, ist man nach Einstieg in ein solches Geschäftsfeld längere Zeit dar-

[102] Hofmann 1993, S. 106; Hervorhebung von mir
[103] Köwener/Jochem/Tönsing 1997, S. 99f
[104] ebenda, S. 108
[105] S. 20ff

auf festgelegt. Allerdings kommt es auch beim Contracting zu Vertragslaufzeiten von meistens fünf Jahren.[106]

Schließlich verfügt der potentielle Contractor bereits über beachtliches technisches, organisatorisches und marktbezogenes Wissen, das der Neueinsteiger mit weiteren Investitionen, Kosten, Risiken und Zeitverzug erst gewinnen müßte. Auch dieser Gesichtspunkt spricht eher für Fremdbezug durch Contracting als für Selbsterstellung der Contracting-Leistungen.

Das Contracting hat aus der Sicht des Nutzers allerdings auch Nachteile. die über die vorübergehende vertragliche Bindung hinausgehen.[107] Bei der Festlegung der Ausgangslage des Energieverbrauchs besteht nämlich die Gefahr, daß Einflußfaktoren für den Energieverbrauch zum Nachteil des Nutzers interpretiert werden. Außerdem hat der Nutzer einen zusätzlichen organisatorischen Aufwand. Schließlich ist zu bedenken, daß kleinere Investitionen bzw. geringe Einsparungen für beide Partner wenig attraktiv sind, insbesondere wegen der relativ aufwendigen Vertragsgestaltung und -abwicklung.

2.3 Einflüsse externer Faktoren

2.3.1 Grundsätzliches

Alle Entscheidungen und Handlungen führen bekanntlich beim Entscheidungsträger zu (erwünschten) Zielbeiträgen (Nutzen) und (unerwünschten) Nachteilen ("Kosten").

Diese Kosten und Nutzen sind grundsätzlich rechnerische Produkte von Mengengrößen (Mengengerüsten) und entsprechenden Wertgrößen (Wertgerüsten). Auf Mengengerüste wie auf Wertgerüste können eine Vielzahl von Determinanten wirken.

Dazu gehören auch umweltpolitisch motivierte öffentliche Abgaben (z.B. CO_2-Steuern, andere Steuern), Leistungen (z.B. Gutschriften nach Stromeinspeisungsgesetz) und Leistungsangebote öffentlicher oder öffentlich-gebundener Einrichtungen. Öffentliche Einrichtungen haben öffentliche Trägerschaft, öffentlich gebundene Einrichtungen agieren in öffentlichem Auftrag und Interesse und unterliegen insofern in Leistungs- und Gewinnkonzeption[108] öffentlichem Einfluß, wobei öffentliche Ein- und Mitwirkungsrechte statuiert sein können.[109]

---

[106] Leitgöb u. a. 1997, S, 5
[107] vgl. Leitgöb u. a. 1997, S. 5, Matter 1997
[108] hierzu Witte/Hauschildt 1966, S. 86ff
[109] so Eichhorn 1982, S. 75ff

Während öffentliche Vorgaben der bezeichneten Art unmittelbar zu Kosten und Leistungen führen, wenn die vom Gesetz bestimmten Tatbestände vorliegen, entstehen Kosten- und Leistungswirkungen bei Leistungsangeboten nur, wenn die Adressaten davon Gebrauch machen.

Bei unmittelbaren Kosten- und Leistungswirkungen müssen Kosten und Leistungen von den Adressaten als so fühlbar empfunden werden, daß sie ihr Verhalten zugunsten der umweltpolitischen Absichten ändern, Bei den Angeboten müssen die im Falle der Wahrnehmung erwarteten Kosten oder Leistungen als Akzeptanzanreiz wirken. Sind die Angebote zweckgerecht konzipiert, tritt dann bei Realisation des Angebotes die erwünschte Umweltwirkung ein.

Vor diesem Hintergrund sind nun einige tarifliche, steuerliche und organisatorische Sachverhalte zu analysieren, die aus der Sicht der Ziele Energieersparnis und CO_2-Minderung als Instrumente in Frage kommen.

2.3.2 Einführung einer Energieabgabe

Über die Einführung einer Energieabgabe, insbesondere als CO_2-Steuer, hat man in verschiedenen europäischen Ländern mit wechselnder Intensität diskutiert, jedoch ist eine solche Abgabe zunächst nur in Dänemark eingeführt worden,[110] nachher auch in anderen skandinavischen Ländern. Vertreter der energieerzeugenden Industrie in Deutschland lehnen eine solche Abgabe kategorisch ab, ebenso wie Wirkungsgradvorschriften, weil sie darin die Gefahr sehen, "die Industrie in weiten Bereichen zu strangulieren".[111]

Tatsächlich erhöht eine Abgabe auf emitiertes CO_2 zunächst die Energiekosten beim Emittenten. Die begründete Erwartung der Einführung einer solchen Abgabe wird daher als Anreiz zur Einführung energiesparender Maßnahmen wirken. Dies ist jedoch zugleich ein Anreiz zur Kostenminderung. Kostenminderung ist möglich durch Verbesserungen des Wirkungsgrades von Verbrennungsanlagen oder durch Übergang auf andere Energieträger wie Erdgas oder nachwachsende Rohstoffe. Soweit deshalb Verfahren geändert werden müssen, kommen allerdings die dafür notwendigen Investitionen bzw. die entsprechenden Kosten als ökonomische Belastung hinzu.

Anreize zur Energieersparnis gibt eine solche Abgabe aber nur, wenn sie eine fühlbare Höhe aufweist. In diesem Zusammenhang wird die Frage nach der erforderlichen Höhe einer CO_2 -Abgabe gestellt.[112] Ausgangspunkt ist hier zunächst wieder die Idee einer vollen Internalisierung volkswirtschaftlicher Kosten aus der

---

[110] vgl. Ostertag 1995

[111] Engelhard u. a. 1997, S. 585

[112] z.B. bei Krause 1995, S. 89ff

CO_2-Emission. Schon weil die Höhe dieser Kosten im Einzelfall unbekannt sind, liegt es nahe mit mehr praxisorientierten Konzeptionen zu arbeiten. In Anlehnung an einen Vorschlag von Baumol/Oates wäre es angemessen, umweltpolitisch zunächst ein bestimmtes Qualitätsziel zu setzen, etwa einen bestimmten maximalen CO_2-Gehalt der Atmosphäre in einer bestimmten Region, und daraufhin eine Emissionsgebühr so zu bestimmen, daß aufgrund dadurch ausgelöster Aktionen der Emittenten die politisch erwünschte Umweltqualität durch Emissionsminderungen tatsächlich eintritt.[113]

Bei allen Schwierigkeiten, die dafür erforderliche Gebührenhöhe zutreffend zu prognostizieren, muß hier auch auf einen Aspekt des "Umweltlernens" hingewiesen werden. Durch Ansetzen einer Gebühr, hier für die Emission von CO_2, werden die Emittenten nämlich unmittelbar darauf gestoßen, daß sie mit ihrer Emission ein knappes Gut, nämlich die natürliche Unwelt, als Aufnahmemedium für Rückstände nutzen und dafür einen Preis zahlen müssen.

Dies erinnert an frühere Diskussionen im Kontext mit der Einführung der Abwasserabgabe 1976. Hierzu gab es einerseits eine umfangreiche wissenschaftliche Diskussion über die angemessene Abgabenhöhe. Anderseits war der zuständige Staatssekretär Hartkopf im Bundesministerium des Inneren (das damals die Umweltpolitik vertrat) der Ansicht, daß die Höhe der Abgabe im Prinzip unerheblich sein und es allein auf die Tatsache der verbindlichen Einführung einer fühlbaren Abgabe ankomme. Diese Meinung hat sich aufgrund des späteren Verhaltens der Betroffenen vollkommen bestätigt. Trotz einer Abwasserabgabe von ursprünglich nur DM 12,-- pro Schadeinheit hat sich die Industrie intensiv um Reduktion von Abwassermengen und -inhaltsstoffen bemüht. Der erste Grund dafür lag offenbar wieder in der Demonstration des Aufnahmemediums natürliche Umwelt als knappes Gut durch die Abwasserabgabe. Zudem haben Abgabenbescheide auf den Umstand und den Umfang der Wasserbelastung hingewiesen, was - zumindest von manchen Betroffenen - als verbesserungsbedürftiger Zustand aufgefaßt werden konnte. Wenn auch die Idee "Emissionen sind Anzeichen fehlerhafter Produktion" erst 1992 geäußert worden ist,[114] existierte schon das Zero-Discharge-Prinzip, und es war z.B. das sog. Null-Fehler-Konzept schon seit Anfang der siebziger Jahre bekannt. Schließlich mußten die Verursacher nach der damaligen Fassung des Abwasser-Abgaben-Gesetzes mit einer Gebührenzunahme bis DM 90,-- pro Schadeinheit im Jahre 1999 rechnen. Man konnte ferner davon ausgehen, daß der Katalog abgabepflichtiger Schadstoffe lt. Anlage zu § 3 AbwAG auf ursprünglich nicht abgabepflichtige Schadstoffe ausgeweitet werden würde.

---

[113] Baumol/Oates 1988, S. 284f

[114] Kleiner 1992, S. 24

Nur der letzte Punkt entfällt beim Problem einer ausschließlich auf eine bestimmte Stoffart beschränkte Abgabe, wie etwa die CO_2-Steuer. Die übrigen Aspekte müssen bei Bemessung und Einführung einer solchen Abgabe in vollem Umfang beachtet werden.

Es bleibt die Frage, ob die Einführung einer CO_2-Abgabe aus gesamtwirtschaftlicher Sicht nicht als Wachstumshemmnis gelten muß. Die Auswirkungen einer CO_2-Abgabe auf das Wirtschaftswachstum werden jedenfalls von ihrer Ausgestaltung und Höhe abhängen, aber immerhin gibt es auch die Ansicht, daß eine entsprechend konzipierte CO_2-Steuer wachstumsfördernde Wirkungen entfallen könne.[115]

2.3.3 Einfluß der Wahl von Energiequellen

CO_2-Minderung ist auch durch Wechsel der Energiequellen möglich. Völlig CO_2-frei ist die Nutzung von Wasser-, Wind- und Sonnenenergie. Allerdings ist der Beitrag von Wind- und Sonnenenergie zur Deckung des Gesamtenergiebedarfs noch gering und kann mit den bisher verfügbaren Technologien angesichts der technisch verlangten Energiedichten nur wenig gesteigert werden. Außerdem ist der Betrieb von Windkraftanlagen mit akustischen und optischen Emissionen im Sinne von § 3 Abs. 2 BImSchG verbunden, die für Anlieger sehr störend sein können, also mit volkswirtschaftlichen Kosten verbunden sind und inzwischen auch schon zu gerichtlichen Auseinandersetzungen geführt haben. Relativ bedeutend ist in manchen Ländern die Nutzung von Wasserkraft, jedoch ist deren Ausmaß durch die regionalen natürlichen Bedingungen begrenzt. Für die Produktion elektrischer Energie mit Kernkraftwerken geben Fichtner u. a.[116] noch eine CO_2-Emission von 54 g CO_2/kWh an. Mit Kernkraftwerken werden aber auch andere gefährliche Rückstände produziert, und sie sind deshalb und wegen ihres Gefahrenpotentials bei Störfällen politisch umstritten.

Immerhin erscheinen aber auch bei fossil befeuerten Kraftwerken noch beachtliche Effizienzsteigerungen und damit Emissionsminderungen an CO_2 möglich, wobei vor allem der Wechsel auf Erdgas gefordert wird.[117]

Beim Einsatz von Erdgas sinkt zwar die CO_2-Emission, jedoch bleibt man damit bei der Nutzung fossiler, in relevanten Planungszeiträumen also nicht regenerierbarer Brennstoffe. Geringere CO_2-Belastung kann insbesondere beim Einsatz biologischer Rest- und Abfallstoffe eintreten, so z.B. wenn Hackschnitzel zur Wärmeerzeugung dienen. In diesem Fall wird auf den Einsatz nicht regenerierba-

[115] Krause 1995, S. 94
[116] Fichtner u.a. 1997, S. 505
[117] Fahl/Pfeifer/Voß 1996

rer natürlicher Stoffe verzichtet.[118] So legt auch die EU-Kommission im Anschluß an die Kyoto-Konferenz großes Gewicht auf den Einsatz erneuerbarer Energieträger und erwartet dadurch besonders hohe Beiträge zur CO_2-Reduktion.[119] Verschiedene Anlagen zur Stromgewinnung aus natürlichen Quellen werden durch das Gesetz über die Einspeisung von Strom aus erneuerbaren Energien in das öffentliche Netz (Stromeinspeisungsgesetz) vom 7.12.1990 finanziell begünstigt. Danach sind immerhin *öffentliche* Energieversorgungsunternehmen verpflichtet, den in ihrem Versorgungsgebiet erzeugten Strom aus erneuerbarer Energie abzunehmen und den eingespeisten Strom nach § 3 zu vergüten (§ 2). Die Vergütung beträgt gem. § 3 grundsätzlich zwischen 80 und 90 % des Durchschnittserlöses je kWh aus der Stromabgabe von Energieversorgungsunternehmen an alle Letztverbraucher.

Beim Betrieb von Anlagen zur Stomerzeugung aus erneuerbarer Energie entstehen zunächst die entsprechenden Investitionsaufwendungen sowie die Kosten für Wartung und Instandhaltung. Die Kosten für Energieträger entfallen bei Energiebezug aus Wind und Sonne, sie reduzieren sich bei Bezug der in § 3 Abs. 1 S. 1 genannten Rückstände. Soweit der erzeugte Strom selbst genutzt wird und man dafür gegenüber dem Fremdbezug keine spezifischen Zuleitungen benötigt, entstehen keine weiteren Kosten. Erträge (Einzahlungen) werden gem. § 3 aus der Stromabgabe an öffentliche Energieversorger erzielt. In einer dynamischen Rechnung bestehen die Rückflüsse aus der Investition dann aus den jährlichen Salden von Erlösen aus Stromabgabe sowie den vermiedenen Strombezugskosten aus dem Verbrauch selbsterstellter Energie und den Kosten für Wartung und Instandhaltung. Ggf. kommen Kosten für Fremdkapitalfinanzierung und Personalkosten dazu. Steuerlich sind die Investitionsbeträge bis zu den Anschaffungs- oder Herstellungskosten gem § 7ff EStG abziehbar, dazu Wartungs- Instandhaltungs-, Personalkosten und Fremdkapitalzinsen und erhöhen daher die Rückflüsse nach dem jeweiligen Grenzsteuersatz, bei den Absetzungen für Abnutzung aber nur während der betriebsgewöhnlichen Nutzungsdauer. Hinzu kommen die früher erwähnten Rückflüsse aus steuerlichen Sonderabschreibungen, Steuerermäßigungen und Investitionszulagen.

Bei einer Betrachtung von Energiequellen sei nicht vergessen, daß Energiesparen schon vor fast zwanzig Jahren als "neue Energiequelle" bezeichnet worden ist.[120] Dies erinnert etwa an die Wärmedämmung in Gebäuden, mit welcher der Bedarf an Raumwärme auf einen Bruchteil des noch 1994 üblichen Energieverbrauchs reduziert werden kann.

[118] vgl. Kapitel 3

[119] vgl. Rotomer 1998, S. 86 f

[120] Meyer-.Abich 1979

3. Beispiele aus der Praxis

3.1 Beispiel 1

Im ersten Beispiel soll eine Minderung der lokalen CO_2-Emission im Wege der Substitution fossiler Brennstoffe durch nachwachsende, CO_2-neutrale Rohstoffe erreicht werden.
Die Stadtgemeinde Bruck an der Leitha (Niederösterreich) versucht, neben einem bereits installierten Versorgungsnetz für Erdgas eine Fernwärmeversorgung durch eine Biomasseanlage (mit Hackschnitzeln aus der Region) zunächst für einige Straßenzüge einzuführen, die noch nicht realisiert ist.

Der Energieversorger "Erdgas" hat Interesse, das Fernwärmenetz dann zu pachten und als Pächter den Verkauf der Fernwärme zu übernehmen, wenn dies für ihn wirtschaftlich ist.

Die Stadtgemeinde Bruck ist ebenfalls an Wirtschaftlichkeit interessiert. Sie ist jedoch auch "fest entschlossen", den CO_2-Ausstoß im Stadtgebiet spürbar zu senken.

Beurteilungsobjekt der folgenden Wirtschaftlichkeitsrechnung der Stadtgemeinde Bruck ist eine konventionelle Hackschnitzelanlage zur Substitution fossiler Brennstoffe. Auf Basis des früher erläuterten Rechenschemas nach VDI 2067 Blatt 1, S. 21 wird dafür aufgrund prognostizierter Kosten bzw. Zahlungen für eine Laufzeit von 25 Jahren der Kapitalwert ermittelt. Bei einem Kalkulationszinssatz von 6 % folgt ein Kapitalwert von $C_0 = 0$. Die Berechnungen wurden in Anwesenheit von Vertretern der Stadt und des Energieversorgers im Rahmen einer Übung am Institut für Innovationsmanagement der Universität Graz vorgenommen.

Für den bisherigen und den prognostizierten künftigen Jahresverbrauch ist auch eine Kostenvergleichsrechnung vorgenommen worden. Danach ergeben sich für die Alternativen "Fernwärmeversorgung mit fossilen Energieträgern" und "Fernwärmeversorgung bei Ersatz von 85 % fossiler Energieträger durch Hackschnitzel" folgende Mengengerüste und Kosten pro Jahr:

Heizstoff	Bedarfsmenge/Jahr	Preis (DM/Mengeneinheit)	Gesamtkosten (DM)
Erdgas	1,16 Mio Nm^3	0,67	777.000,--
Heizöl S	800 kg	0,29	232,--
Heizöl L	47 800 kg	0,50	23.900,--
Heizöl EL	56400 kg	0,63	35.532,--
Koks	2 500 kg	0,57	1.425,--
Kohle	4 000 kg	0,57	2.280,--
Summe			**840.369,--**

Für die Fernheizung eines weiteren Wohngebietes der Stadt müßte künftig mit einem jährlichen Erdgasverbrauch von etwa 515 000 Nm^3 gerechnet werden. Dies entspricht zusätzlichen Kosten in Höhe von DM 343 000,-. Die Stadt veranschlagt also für beide mit Fernheizung zu versorgende Wohngebiete jährliche Heizkosten von DM 840 369 + 343 000 = DM 1 183 369,--.
Bei 85-prozentigem Ersatz fossiler Energieträger durch Biomasse und Erzeugung der übrigen Wärme mit fossil betriebenem Gaskessel zur Spitzenlastabdeckung werden nach Angaben der Stadt 85 % dieser Kosten vermieden, was einer jährlichen Ersparnis von rd.1 Mio DM entspricht.

Diese Kostenvergleichsrechnung nimmt allerdings keine Rücksicht auf Finanzierungskosten. Bei einer Gesamtbetrachtung muß man bedenken, daß die Finanzierung der Investitionen zu 45 % aus Fremdkapital und zu 50 % zinsfrei aus öffentlichen Mitteln fließt. Diese öffentliche Förderung gibt es im Prinzip allerdings auch in anderen EU-Ländern. Die Stadt Bruck weist z. B. darauf hin, daß in Bayern die dort zuständige Prüfstelle CARMEN (Landwirtschaftsministerium) Normalfördersätze von 40 % vergibt, wenn der Anteil des Waldhackgutes am gesamten Brennstoffeinsatz aus Biomasse mindestens 50 % beträgt. In gebirgigen Gebieten geht der Fördersatz bis 48 %.

Anderseits muß man bei möglichen Einwänden gegen die Wirtschaftlichkeit solcher Maßnahmen auch berücksichtigen, daß die EU-Kommission neuerdings massiv auf eine Reduktion der CO_2-Emission drängt.[121] In diesem Kontext stellt sich - hier wegen ihrer Anreiz- und Finanzierungseffekte - wiederum die Frage nach der Einführung von Energieabgaben.

Die CO_2-Reduktion bei Übergang auf Hackschnitzelheizung ist in den vorliegenden Prognosen nicht im einzelnen enthalten. Der CO_2-Ausstoß beträgt für die bisher eingesetzten Energieträger Steinkohle 335 kg/MWh, Öl von 283-264 kg/MWh und sogar für Erdgas noch 2O1 kg/MWh.[122] Wenn man, wie oben angegeben, einen 85 % igen Ersatz fossiler Energieträger beabsichtigt und bei den Substitutionsmaßnahmen Stoffe mit hoher CO_2-Emission ausscheidet, kann man jedenfalls von einer fühlbaren Reduktion dieser Emission ausgehen. Im Falle des Einsatzes nachwachsender Rohstoffe ist im Rahmen der Gesamtabrechnung über CO_2-Emissionen der CO_2-Verbrauch durch Biosynthese beim pflanzlichen Wachstum als (negativer) Korrekturposten einzusetzen, während eine (zusätzliche) CO_2-Produktion aus Transport und Verbrennung der Biomasse stammt.

[121] vgl. S. 65

[122] Conrad 1992, S. 818

3.2 Beispiel 2

Beim zweiten Beispiel geht es um ein neuerrichtetes Kraftwerk zur Stromerzeugung. Auch hier ist in erster Linie der Ersatz fossiler durch nachwachsende Energieträger beabsichtigt. Die Investitionssumme ("Investitionskosten") beträgt etwa 9 Mio DM . Die Betriebskosten sind noch unbekannt.

Dieser Hinweis läßt erkennen, daß der Investor der Reduktion der CO_2-Emission dominante Bedeutung beimißt, denn andernfalls hätte man ohne Kenntnis *aller* Kosten die neue Alternative noch nicht installiert.

Mit der neuen Anlage soll Erdgas für 3 MW thermische Leistung zur Stromerzeugung durch Rindenmulch ersetzt werden. Dabei wird für 1 MWh elektrische Energie bei Gaseinsatz eine Emissionsmenge von 381,6 kg CO_2 angegeben, die durch Übergang auf Rindenmulch entfällt. Werden 3 MW für jährlich 8700 Stunden bereitgestellt, so ergeben sich 26 100 MWh/Jahr mit bisher 9959,76 t CO_2-Emission. Diese Emission soll künftig durch Wechsel des Rohstoffs unterbunden werden.

Der Investor rechnet mit einer wirtschaftlichen Lebensdauer des Kraftwerkes von 30 Jahren. Während dieser Zeit ergäbe sich bei Gasbetrieb eine Gesamtemission von 9959,76 t/Jahr x 30 Jahre = 298.792,80 t CO_2. Rechnet man die Investitionssumme auf die Emissionsminderung um, so hat man pro vermiedenem kg CO_2 einen Investitionsbetrag (und Kosten) von 9 Mio DM /29 852,28 t CO_2 also etwa 300,- DM/t CO_2.

Zu den Kosten der CO_2-Vermeidung gehören allerdings auch die Betriebskosten, die im Beispiel noch nicht vorliegen.

3.3 Beispiel 3

Hier handelt es sich um ein Beispiel aus der Industrie, und zwar auf der Grundlage von Kooperationsbeziehungen verschiedener Industrieunternehmen am Standort Kalundborg (Dänemark), der sog. Industriesymbiose Kalundborg.[123] Die Industriesymbiose Kalundborg hat die Aufgabe der wechselseitigen Abnahme und Verwertung stofflicher und energetischer Rückstände unter den zugehörigen Partnern. Dieser Industrieverbund ist 1992 *aufgrund dieser Aktivitäten* auf der Umweltkonferenz in Rio de Janeiro vorgestellt worden.

[123] hierzu Schwarz 1994, Christensen 1998 sowie mündliche Informationen aus der Industriesymbiose

In diesem Verbund arbeitet ein Dampfkraftwerk, das etwa seit 1993 pro Jahr ca. 350 000 t überschüssigen Prozeßdampf an die Abnehmer Novo Nordisk A/S (Produzent von Penicillin, Insulin, Enzymen) und Statoil A/S (Ölraffinerie) liefert. Diese Dampfmenge entsprach damals dem Wärmebedarf von ca. 6 000 Haushalten pro Jahr. 1996 wurde eine Dampfmenge geliefert, die einer Wärmemenge von 900 000 GJ gleichkommt.

Für die Dampfzuleitung nach Novo Nordisk und Statoil mußten aufwendige Rohrleitungssysteme errichtet werden, es waren aber auch Umbauten und Zusatzanlagen im Kraftwerk erforderlich. Diese Kosten sind von den Abnehmern getragen worden, Auf Novo Nordisk A/S entfielen dabei rd. 9, 5 Mio DM.

Wegen der hohen Aufwendungen für die Installation der Pipeline und der folgenden Abhängigkeit der Novo Nordisk von der Dampfzulieferung ist die Kooperation langfristig angelegt. Die Unterbrechung der Dampflieferung würde bei Novo Nordisk den sofortigen Ausfall der Produktion nach sich ziehen.

Die bei Novo Nordisk A/S durch Fremdbezug von Dampf reduzierten Kosten betrugen bereits im ersten Jahr 3,2 Mio DM. Diese Ersparnis folgt aus dem Abbruch der alten - ursprünglich als Reserveanlagen belassenen - Kessel zur Dampferzeugung im eigenen Betrieb und dem damit verbundenen Personalabbau sowie aus verminderten Energiekosten. Der größte Teil der Kostenminderung entfällt auf künftig vermiedene Personalkosten, also wiederum auf den umstellungsbedingten Abbau beschäftigungsfixer Kosten, dessen Einfluß bereits in den Illustrationsbeispielen des Textes hervorgehoben worden ist. Jedoch sind auch die Bezugskosten des Dampfes vom Kraftwerk geringer als die bei Eigenerstellung auf der Basis Heizöl angefallenen Produktionskosten für Dampf. Über die Höhe dieser Bezugskosten war man allerdings nicht zur Auskunft bereit.

Angesichts der auf Novo Nordisk entfallenden Investitionsaufwendungen von DM 9,5 Mio folgt für die oben beschriebene Investition zum Fremdbezug von Dampf bei Eigenkapitalfinanzierung eine statische Eigenkapitalrentabilität von

$$R_E = 3{,}2/\ 0.95 = 33\ (\%/\text{Jahr}).$$

Dies ist eine beachtliche Rentabilität, welche die wirtschaftlich rationale Begründung der dargestellten Entscheidung eindrucksvoll belegt. Da die Kooperation zwischen dem Dampflieferanten und der biotechnischen Fabrik - schon wegen der Installation der Pipelines sowie der Aufgabe der Dampfproduktion bei Novo Nordisk - langfristig angelegt sein muß, folgen aus dieser Investition für den Dampfabnehmer auch "golden ends". Es waren nach den Umständen des Falles gerade diese Langfristwirkungen, welche die Entscheidung für die Umstellung begünstigt haben.

Dabei beträgt die Amortisationsdauer der Investition nur

AD = 9,5/3,2,

also knapp drei Jahre.

Seit 1995 kommt für die Dampfabnehmer die Ersparnis der dänischen CO_2 - Abgabe hinzu, soweit sie erhoben, aber vom Kraftwerk nicht in Rechnung gestellt wird. Auch darüber liegen keine näheren Informationen vor.

Trotz der auch in diesem Falle beschränkten Angabe von Kosteninformationen ist die Entscheidung für die Umstellung ohne weiteres wirtschaftlich nachvollziehbar. Dabei muß man auch bedenken, daß wirtschaftliche Entscheidungen auf Basis monetärer Größen eher nach Größenordungen von Unterschieden bei den Alternativen, denn nach genauen Zahlen fallen, die regelmäßig nicht vorhanden sind.

Die Industriesymbiose Kalundborg *insgesamt,* bestehend aus sechs Industrieunternehmen, mehreren land- und fischwirtschaftlichen Betrieben und der Stadt Kalundborg als Rückstandssenken[124] hat durch systeminterne Verwertung von stofflichen und energetischen Rückständen mit zahlreichen Verfahrensumstellungen ebenfalls beträchtliche Ersparnisse und Umweltentlastungen erreicht. Pro Jahr ist der Verbrauch von Kohle um 30 000 t (2 %) und von Heizöl um 20 000 t (50 %) gesenkt worden. Dadurch hat sich eine Reduktion der jährlichen CO_2-Emission um 200 000 t ergeben.[125]

[124] vgl. Christensen 1997, S. 334
[125] ebda S. 327

4. Literaturverzeichnis

Ahbe, S.; Braunschweig, A.; Müller-Wenk, R.: Methodik für Ökobilanzen auf der Basis ökologischer Optimierung, Bern 1990

Auer, G.: Wo sich noch CO_2 sparen läßt, Die Industrie 93 (1993), S. 36

Baumol, W.J.; Oates, W.E.: The Theory of Environmental Policy, 2. Aufl., Englewood Cliffs 1988

Bergschneider, C., Schmitt, D.: Dezentrale Kraft-Wärme-Kopplung, München 1988

BMFT: Mikrotechnik leistet einen maßgeblichen Beitrag zur Lösung vieler Umweltprobleme. Emissionsminderung und Energieeinsparung sind im großen Umfang möglich, BMFT-Journal 5(1991), S. 14

Brand, M.: Least-Cost-Planning und Energieleistungsunternehmen, in: Hennicke, P. (Hrsg.): Den Wettbewerb im Energiesektor planen, Berlin u.a. 1991, S. 77-104

v. Braunmühl, W.: Contracting - Idee, Umsetzung, Erfahrung, Energiewirtschaftliche Tagesfragen 44 (1944) 6, S. 354-361

Braunschweig, A.; Müller-Wenk, R.: Ökobilanzen für Unternehmungen, Bern, Stuttgart, Wien 1993

Cavanagh, R.: Least-Cost-Planning Imperatives for Electric Utilizer and Their Regulation, Harvard Environmental Review, 10(1986), S. 299-341

Chamberlin, J. H.; Brown, J. B.; Reid, M. W.: How Do They Measure Up? - A Comparison of Utility DSM Shared Savings Incentive Mechanisms, in: Electric Power Institute: Preoceedings: 6th Nationals Demand-Side Management Conference - Making a Difference, Palo Alto (California) 1993, S. 263 - 267

Christensen, J.: Die industrielle Symbiose in Kalundborg. Ein frühes Beispiel eines Recycling-Netzwerkes, in: Strebel, H., Schwarz, E. (Hrsg.): Kreislauforientierte Unternehmenskooperationen. Innovative Verwertungsnetze, München, Wien 1998, S. 323 - 337

Conrad, F.: Zur CO_2-Vermeidung durch Kraft-Wärme-Kopplung. Energiepolitische Metamorphose: Von der Ölablösung zur Klimaschonung, Energiewirtschaftliche Tagesfragen 42(1992)12, S. 816-821

Dimpfl, V.: Damit die Energie an ihr Ziel kommt, Forschung und Innovation 1997, 2, S. 33 - 35

Eichhorn, P.: Öffentliche Bindung von Unternehmen, in: Schriftenreihe der Gesellschaft für öffentliche Wirtschaft und Gemeinwirtschaft, Heft 22, Baden-Baden 1982, S. 75-91

Emons, H.-H., Hellmold, P., Holldorf, H., Kümmel, R., Martens, H.: Technische anorganische Chemie, 5. Aufl., Leipzig 1990

Engelhard, J.; Sames, C.-W.; Semrau, G.; Heitmann, B.: Klimavorsorgepolitik aus industrieller Sicht, Energiewirtschaftliche Tagesfragen 47(1997)10, S. 585-591

Ewert, R.; Wagenhofer, A.: Interne Unternehmensrechnung, 3. Aufl., Berlin u.a. 1997

Fahl, U.; Herrmann, D.; Voß, A.: Energieumwandlungstechniken als Elemente von Minderungsstrategien energiebedingter Klimagasemissionen, Jülich 1995

Fandel, G., Reese, J.: Kostenminimale Kraftwerksteuerung in einem Industriebetrieb, Zeitschrift für Betriebswirtschaft 58 (1988), S. 137 - 151

Fichtner, F.: Dienstleistungen von EVU, Energie 46 (1994), S. 56 - 56

Fichtner, W.; Ardone, A.; Tsai, W.; Wietschel, M.; Rentz, O.: Die Wirtschaftlichkeit von CO_2 -Minderungsoptionen, Energiewirtschaftliche Tagesfragen 46 (1996), S. 504 - 509

Fitzer, E.; Fritz, W.: Technische Chemie, 3. Aufl., Berlin u.a. 1989

Franzke, H.-H.; Bosse, F.; Hintze, D.: Praxiserfahrungen mit Contracting-Konzepten, Energiewirtschaftliche Tagesfragen 47(1997)8, S. 471-473

Fünfgeld, C.:; Quantifizierung energierelevanter Kosten als Anreiz zur rationellen Energieverwendung, VDI-Berichte 1997, S. 95 - 104

Funk, M.: Industrielle Energieversorgung als betriebswirtschaftliches Planungsproblem, Heidelberg 1990

Gälweiler, A.: Energiekosten, Abrechnung der ...., in: Kosiol, E., Chmielewicz, K., Schweitzer, M. (Hrsg.): Handwörterbuch des Rechnungswesens, 2. Aufl., Stuttgart 1981, Sp. 463 - 471

Gerking, J.: LCP/IRD-Theorie und Praxis, in: VDI (Hrsg.): EVU auf dem Wege zum Dienstleistungsunternehmen, Instrumente und Beispiele, Düsseldorf 1997, S. 1-9

Groier, G.: Kostenträgerrechnung, in: STEWEAG (Hrsg.): Aktuelle Probleme der Kostenrechnung und Strompreisbildung, o. O. 1994 (als Manuskript gedruckt)

Haberstock, L.; Dellmann, K.: Kapitalwert und Interner Zinsfuß als Kriterium zur Beurteilung der Vorteilhaftigkeit von Investitionsprojekten, Kostenrechnungspraxis 1997, S. 195-206

Hanley, N.; Spash, C.L.: Cost-Benefit-Analysis and the Environment, Bodmin 1993

Hansen, U., Nagel, C.: Kreislaufführung im Spannungsfeld zwischen Ökologie und Ökonomie, Müll und Abfall 28 (1996), S. 454 - 459

Hasenöhrl, R.: Wertanalyse an Energiesystemen, Diss. TU Graz 1986

Hasse, H.: Least-Cost Planning und strategisches Marketing, Wiesbaden 1996

Hauschildt, J.: Entscheidungsziele, Tübingen 1977

Hauschildt, J.: Innovationsmanagement, 2. Aufl., München 1997

Helle, C.: Contracting-Modelle als innovative Finanzierungs- und Organisationsform für effiziente Energieinvestitionen, Umweltwirtschaftsforum 2(1994)7, S. 43-48

Hennicke, P. (Hrsg.): Der Wettbewerb im Energiesektor. Least-Cost-Planning. Ein neues Konzept zur Optimierung von Energiedienstleistungen, Berlin, Heidelberg 1993

Hirr, R.: Untersuchung der Wirtschaftlichkeit eines Einsatzes von Wärmepumpen in Zusammenhang mit Wasserkraftwerken unter Berücksichtigung von Umwegrentabilitäten, Diplomarbeit Universität Graz, o. O. 1994

Homeyer, O.: Least-Cost-Planning und soziale Kosten, in: Hennicke, P. (Hrsg.): Den Wettbewerb im Energiesektor planen, Berlin, Heidelberg 1991, S. 105-135

Hofmann, P.: LCP aus der Sicht eines Verbundunternehmens, in: Hoecker/Fahl (Hrsg): Least-Cost Planning in der Energiewirtschaft, Düsseldorf 1993

Hrovat, M.: Energiedienstleistungen, Diplomarbeit Universität Graz, o. O. 1996

Hugel, G.: Rationelle Energienutzung im Betrieb, München 1965

Jehle, E.: Wertanalyse, in: Kern, W.; Schröder, H.-H.; Weber, J. (Hrsg.): Handwörterbuch der Produktionswirtschaft, 2. Aufl., Stuttgart 1996, Sp. 2247-2256

Jochem, E.; Landwehr, M.; Mannsbart, W.; Fönsing, E.; Nölscher, C.; Vollmar, H.E.: Energieszenarien mit reduzierten CO_2-Emissionen bis 2050, Energiewirtschaftliche Tagesfragen 47(1997)8, S. 474-480

Kaier, U; Hauladen, W.: KWK in Industriebetrieben und die Potentiale einer rationellen Energieverwendung, Umweltwirtschaftsforum 2(1994)7, S. 35-41

Kapp, K. W.: Social Cost and Social Benefits - A Contribution to Normative Economics, in: v. Beckerath, E.; Giersch, H.; Lampert, E. (Hrsg.): Probleme der normativen Ökonomik und der wirtschaftspolitischen Beratung, Schriften des Vereins für Socialpolitik, Neue Folge, Berlin 1963, S. 183-210

Kern, W.: Anforderungen an die industriebetriebliche Energiewirtschaft, Die Betriebswirtschaft 41 (1981), S.3 - 22

Kleiner, A.: Unternehmen werden "grün", Harvard Manager 14 (1992)2, S. 24 - 33

Kluck, D.: Einsatzoptimierung von Kraftwerkssystemen mit Kraft-Wärme-Kopplung, Stuttgart 1989

Köwener, D.; Jochem, E.; Tönsing, E.: Neue Contracting-Märkte als Energiedienstleister, in: VDI (Hrsg.) EVU auf dem Wege zum Dienstleistungsunternehmen - Instrumente und Beispiele, Düsseldorf 1997, S. 99-116

Krause, F.: Kosten/Nutzen-Wirkung einer Energie- oder CO_2-Steuer im Vergleich zu nicht-pretialen Instrumenten, in: Hennicke, P. (Hrsg.): Klimaschutz. Die Bedeutung von Kosten-Nutzen-Analysen. Berlin, Basel, Boston 1995, S. 87-117

Kroeber-Riel, W.: Konsumentenverhalten, 4. Aufl., München 1990

Layer, M.: Energiewirtschaft, industriebetriebliche, in: Kern, W., Schröder, H.-H., Weber, J. (Hrsg.): Handwörterbuch der Produktionswirtschaft, 2. Aufl., Stuttgart 1996, Sp. 387 - 397

Layer, M., Strebel, H.: Energie als produktionswirtschaftlicher Tatbestand, Zeitschrift für Betriebswirtschaft 54 (1984), S. 638 - 663

Leemann, R.: Grundbegriffe der Energiewirtschaft, Bern 1992

Leutgöb, K., Benke, G., Herzinger, R., Lechner, H., Papousek, B.: Drittfinanzierung in Österreich. Modelle zur praktischen Umsetzung, Endbericht, Wien 1997

Lücke, W.: Investitionsrechnung auf der Basis von Angaben oder Kosten? Zeitschrift für handelswissenschaftliche Forschung, 7(1955), S. 310-324

Lüschen, H.; Sonntag, J.; Werner, R.: Least-Cost Planning im Dienstleistungskonzept der EVS, Energiewirtschaftliche Tagesfragen 45(1995)3, S. 128-133

Matter, U.: Performance Contracting - Wertsteigerung von Gebäuden durch garantierte Einsparungen finanziert, in: Energieverwertungsagentur (Hrsg.) Symposium Drittfinanzierung. Mehr Kohle, weniger Energie, Wien 1997, S. 19 – 20

Meyer-Abich, K.: Energiesparen als neue Energiequelle, Essen 1979

Müller-Wenk, R.: Die ökologische Buchhaltung, Karlsruhe 1978

ORF/Bundesministerium für Umwelt, Jugend und Familie: Das Energiesparbuch, o. O., o. J.

Ostertag, K.: Vergütungsmodalitäten für Strom-Energieproduzenten, o.O., o.J. (1995)(als Manuskript gedruckt)

o. V.: Energie-Contracting zahlt sich aus, o. O. 1977

Peters, J.: Wirtschaftlichkeitsanalyse der Energieerzeugung aus nachwachsenden Rohstoffen am Beispiel des Elsbett-Konzeptes, Umweltwirtschaftsforum 2 (1994 10, S. 77 - 83

Picot, W.: Transaktionskostenansatz in der Organisationstheorie - Stand der Diskussion und Aussagewert, Die Betriebswirtschaft 42(1982), 2 S. 267-284

Piller, W.; Rudolph, M.: Kraft-Wärme-Kopplung, 2. Aufl., Frankfurt/M. 1991

Prognos AG (Hrsg.): Die externen Kosten der Energieversorgung, Stuttgart 1992

Prognos AG (Hrsg.): Energieverbrauch: Kostenwahrheit ohne Staat, Stuttgart 1995

Püschel, M.: Die Wahl der optimalen Wärmeversorgungskonfiguration als betriebswirtschaftliches Produktions- und Investitionsproblem, Frankfurt/M., Bern, New York 1984

Rammner, P.: Die Bedeutung der Tarife für die Stromnachfrage, Zeitschrift für Energiewirtschaft 1988, S. 240 - 248

Riebel, P.: Thesen zur Einzelkosten- und Deckungsbeitragsrechnung, in: Chmielewicz, K. (Hrsg.): Entwickungslinien der Kosten- und Leistungsrechnung, Stuttgart 1983, S. 21-47

Riebel, P.: Einzelkosten- und Deckungsbeitragsrechnung, 7. Aufl., Wiesbaden 1993

Rotomer, E.: Kräftige Pflanze oder welkes Blatt, Umwelt 28 (1998), S. 86 - 88

Schaller, M.: Wertanalyse als Instrument der ökologisch orientierten Produktgestaltung, Diss. TU Graz, Graz 1995

Schaltegger, S.; Sturm, A.: Ökologieorientierte Entscheidungen im Unternehmen, Bern, Stuttgart, Wien 1992

Schaltegger, S.; Müller, K.; Hindrichsen, H.: Corporate Environmental Accounting, London 1996

Schmitt, D.: Zur Problematik der Anwendung von Kostenvergleichsrechnungen bei Investitionsentscheidungen in der Elektrizitätswirtschaft, Betriebswirtschaftliche Forschung und Praxis 36 (1984), S. 93 - 106

Schwarz, E.: Unternehmensnetzwerke im Recyclingbereich, Wiesbaden 1994

Schweitzer, M.; Küpper, H.-U.: Systeme der Kostenrechnung, 7. Aufl., München 1998

v. Stackelberg, H.: Grundlagen einer reinen Kostentheorie, Berlin 1932

Statistisches Bundesamt (Hrsg.): Statistisches Jahrbuch 1997, Mainz, Stuttgart 1997

Strebel, H.: Forschungplanung mit Scoring-Modellen, Baden-Baden 1975

Strebel, H.: Umwelt und Betriebswirtschaft, Berlin 1980

Strebel, H.: Energiedienstleistungen, in: Wagner, G. R. (Hrsg.): Unternehmungsführung, Ethik und Umwelt, Festschrift zum 65. Geburtstag von Hartmut Kreikebaum, Wiesbaden 1999, S. 509 - 524

Strebel, H., Nosko. H.: Energetische Produktplanung, Umwelt und Energie, Freiburg i. Br. 1984, Gr. 12, S. 271 - 291

Swoboda, P.: Least Cost Planning in Österreich, in: STEWEAG (Hrsg.): Aktuelle Probleme der Kostenrechnung und Strompreisbildung, o. O., 1994 (als Manuskript gedruckt)

Swoboda, P.: Zur Anschaffungswertorientierung administrierter Preise (speziell in der Elektrizitätswirtschaft), BFuP 48 (1996), S. 364 - 382

Technology Futures Inc.; Scientific Foresight Inc.: Principles for Electric Power Policy, Westport (Conn.), London 1984

Teufelsbauer, W.: Zur Preisregulierung der Elektrizitätswirtschaft, wirtschaftpolitische Blätter 1991, S. 234 - 243

Thomas, St.; Ilgemann, U.; Least-Cost-Planning als Methode der Unternehmensplanung von Energiedienstleistungsunternehmen, in: Leonhard, W.; Klopffleisch, R. (Hrsg.): Negawatt. Konzept für eine neue Energiezukunft, Karlsruhe 1993

Troll, T.: Deutschland deine Schwaben, Reinbek 1967

VDI (Hrsg.): VDI 3800. Kostenermittlung für Anlagen und Maßnahmen zur Emissionsminderung, Düsseldorf 1979

VDI (Hrsg.): VDI 2067. Berechnung der Kosten von Wärmeversorgungsanlagen. Betriebstechnische und wirtschaftliche Grundlagen, Düsseldorf 1983

VDI (Hrsg.): EVU auf dem Wege zum Dienstleistungsunternehmen - Instrumente und Beispiele, Düsseldorf 1997

VDI-Zentrum Wertanalyse (Hrsg.): Wertanalyse. Idee - System - Methodik, 4. Aufl., Düsseldorf 1991

Winje, D.: Neue Zielvorstellungen in der Elektrizitätswirtschaft - Demand Side Management und Least-Cost Planning als Management-Strategien? Elektrizitätswirtschaft 91 (1992), S. 1057 - 1066

Winje, D.: Dienstleistungsangebot der deutschen Stromversorgung im Wandel der Kundenbedürfnisse. Energiewirtschaftliche Tagesfragen 43(1993), 1/2, S. 102-105

Winje, D.: Energiesparaktionen und Least-Cost-Planning der deutschen Stromversorger - Alibi oder Unternehmensphilosophie? Elektrizitätswirtschaft 93(1994), 1/2, S. 29-32

Winje, D., Witt, D.: Energiewirtschaft, Berlin u. a. 1991

Wirl, F.: Sind Energiesparmaßnahmen von Versorgungsunternehmen wirtschaftlich? Wien 1994

Wirtschaftsministerium Baden-Württemberg/Fraunhofer Institut Systemtechnik und Innovationsforschung: Modellvorhaben zur rationellen Energie- und vor allem Stromnutzung in der kunststoffverarbeitenden Industrie o. O., o. J.

Witte, E.; Hauschildt, J.: Die öffentliche Unternehmung im Interessenskonflikt, Berlin 1966

Christoph Otte, Wolfgang Pfaffenberger

Energieeffizienz in Deutschland

1. ENERGIEEFFIZIENZ - EIN NEUES ALTES THEMA 76

2. ENERGIEEFFIZIENZPOTENTIALE IN DEUTSCHLAND 78

2.1 AUSGANGSPUNKT: PRIMÄRENERGIEVERBRAUCH IM STATUS-QUO 78

2.2 VON DER PRIMÄR- ZUR ENDENERGIE: EFFIZIENZ DER ERSTEN TRANSFORMATIONSEBENE 84

2.3 VON DER END- ZUR NUTZENERGIE: EFFIZIENZ DER ZWEITEN TRANSFORMATIONSEBENE 90

2.3.1 Struktur des Endenergieverbrauchs in Deutschland 90

2.3.2 Der Endenergieverbrauch der Industrie 92

2.3.3 Der Endenergieverbrauch im Verkehrssektor 99

2.3.4 Der Endenergieverbrauch im Haushaltssektor 107

3. ENERGIEEFFIZIENZPOLITIK IN DEUTSCHLAND 116

3.1 LEGITIMATION STAATLICHER ENERGIEEFFIZIENZPOLITIK 116

3.2 INSTRUMENTE STAATLICHER ENERGIEEFFIZIENZPOLITIK 117

3.2.1 Information und Beratung der Verbraucher 117

3.2.2 Finanzielle Zuschüsse und Steuererleichterungen 118

3.2.3 Ordnungsrechtliche Regelungen 120

4. LITERATURVERZEICHNIS 125

1. Energieeffizienz - ein neues altes Thema

Die Energieeffizienz ist nach jahrelanger Pause wieder Thema wissenschaftlicher und politischer Diskussionen. Doch anders als in den 70er Jahren läßt sich die neue Bedeutung, die der Energieeffizienz derzeitig beigemessen wird, nicht auf Impulse seitens der Energiepreise zurückführen. Die Rohölpreise bewegen sich nominal auf dem gleichen Niveau wie vor 10 Jahren, so daß es real sogar zu einem Preisrückgang gekommen ist. Da auch die Internalisierung der externen Kosten des Energieeinsatzes im großen und ganzen bisher ausgeblieben ist, ist die wiedergewonnene Aktualität nicht mit Preisargumenten zu begründen.

Auch das Problem der Erschöpfbarkeit der fossilen Energieressourcen ist aktuell nicht sehr akut, da immer noch jedes Jahr neue Lagerstätten mit einem Volumen erschlossen werden, das den jährlichen Energieverbrauch übersteigt.

Ein weiteres Argument der Vergangenheit, nämlich die Steigerung der Energieeffizienz als Antwort auf die drohende Abhängigkeit der westlichen Industrieländer von den OPEC-Staaten, insbesondere von den ölexportierenden Ländern des Nahen und Mittleren Ostens, ist durch die erfolgreiche Diversifizierung auf der Importseite ebenfalls obsolet geworden. 1997 stammten nur noch ca. 30 % der deutschen Rohölimporte aus OPEC-Mitgliedsländern, den größten Anteil mit knapp 40 % machten dagegen die Importe britischen und norwegischen Nordseeöls aus. Weitere 25 % stammten aus Rußland.[1]

Man kann also sagen, daß die Energieeffizienzpolitik der 70er und frühen 80er Jahre einem einfachen Angebot-Nachfrage-Kalkül entsprang: Auf eine Verknappung/Verteuerung des Energieangebots reagierten die Konsumenten mit Maßnahmen, die ihnen eine Reduzierung ihrer Energienachfrage ermöglichen sollten. Heute ist das Thema Energieeffizienz in einem vollständig anderen Kontext angesiedelt. Die Entdeckung des Treibhauseffektes und der entscheidenden Rolle der CO_2-Emissionen aus der Verbrennung fossiler Energieträger dabei, verhalfen den Maßnahmen der Energieeffizienzpolitik zu einer "Wiedergeburt" als Teil des klimapolitischen Instrumentariums. Hier wird ihnen eine relativ große Bedeutung beigemessen, da die globale Energieversorgung in absehbarer Zeit weiterhin v.a. auf kohlenstoffhaltigen Energieressourcen beruhen wird und noch keine CO_2-Rückhaltetechnologie entwickelt worden ist.

Seit einiger Zeit hat sich der Bezugsrahmen, innerhalb dessen das Thema Energieeffizienz diskutiert wird, wiederum gewandelt. Der neue Oberbegriff des "Sustainable Development" entwickelt sich spätestens seit der Konferenz der Vereinten Nationen für Umwelt und Entwicklung 1992 in Rio de Janeiro immer mehr zu einem gesellschaftlichen Leitbild und einem Maßstab politischen Han-

[1] Vgl. BMWi (1998a).

delns. Hierbei ist allerdings anzumerken, daß diese "Karriere" in entscheidendem Maße auf die Unbestimmtheit des Begriffes zurückzuführen ist, die einen breiten Interpretationsspielraum ermöglicht.[2]

Allgemein verbergen sich hinter dem Begriff des "Sustainable Development" Fragen des langfristigen Über- und Zusammenlebens der Menschheit. Es wird nach Strategien, Lebensstilen und Produktionsprozessen gesucht, die die Verhältnisse zwischen Menschen und Umwelt, zwischen entwickelten Volkswirtschaften und Schwellen- bzw. Entwicklungsländern und zwischen heutigen und zukünftigen Generationen auf einem Niveau stabilisieren, das alle Parteien zufriedenstellt. Diese Entwicklungen haben dazu geführt, daß eine mögliche Energieeffizienzpolitik heute ganz anderen Ansprüchen genügen muß und zur Erreichung ganz anderer Ziele beitragen soll, als vor 10 oder 20 Jahren:

- Das Oberziel einer Energieeffizienzpolitik lautet nicht mehr Sicherung der Energieversorgung der westlichen Industriestaaten, sondern ausreichend langfristige Bereitstellung von Energie unter Berücksichtigung ökologischer Verträglichkeit, intertemporaler und geographischer Gerechtigkeit.
- Die Energieeffizienzpolitik muß sich in erster Linie daran messen lassen, welchen Beitrag sie zur Emissionsreduzierung, insbesondere bei CO_2, leistet. Implizit ist hierin natürlich auch die Anforderung eines schonenden Umgangs mit Energieressourcen enthalten. Diese rückt zur Zeit etwas in den Hintergrund, da es sich die Menschheit mit den derzeitigen Technologien nicht leisten kann, sämtliche Vorräte an fossilen Energieträgern auch einzusetzen, da die damit verbundenen Emissionen die Tragfähigkeit des Systems Atmosphäre überschreiten würden. Hierbei ist aber zu bedenken, daß es nachfolgenden Generationen durch technischen Fortschritt sehr wohl möglich sein könnte, diese Ressourcen klimaverträglich zu verwenden.
- Das Leitbild des Sustainable Development enthält eine starke entwicklungspolitische Komponente. Alle Menschen sollen in die Lage versetzt werden, ihre Existenz nachhaltig zu sichern. Neben der akuten Bekämpfung von Armut und Hunger beinhaltet dies aber auch die Forderung einer größeren Ausgewogenheit bei der globalen Verteilung von Wohlstand und Einkommen und das Recht aller Länder auf wirtschaftliche Entwicklung. Dieses geht natürlich einher mit einer wachsenden Nachfrage nach Energiedienstleistungen in den zur Zeit noch unterdurchschnittlich entwickelten Ländern. Verstärkt wird dieser Trend noch durch die weltweit zu beobachtende Übernahme westlicher, relativ energieintensiver Lebensstile. Ein weiterer Aspekt ist die globale Dimension bestimmter Umweltprobleme. Für den Treibhauseffekt oder das Ozonloch ist es ohne Belang, wo auf der Erde ein CO_2- oder FCKW-Molekül emittiert wird. Hieraus ergibt sich die Notwendigkeit einer international ausgerichteten

[2] So gibt es z.B. im deutschen Sprachraum nicht einmal eine einheitliche Übersetzung des englischen Begriffs "sustainable". Verwendet werden Adjektive wie nachhaltig, zukunftsfähig, tragfähig, dauerhaft oder umwelt-gerecht.

Energieeffizienzpolitik. Es muß dafür Sorge getragen werden, daß der "Energiehunger" der Industriestaaten nicht die Entwicklungschancen der übrigen Welt beeinträchtigt und daß die wachsende Energienachfrage der Entwicklungsländer umweltverträglich befriedigt wird.

- Energieeffizienz bedeutet, daß eine bestimmte Energiedienstleistung, z.B. der warme Raum oder der Transport eines Gutes von A nach B, mit einem möglichst geringen Energieeinsatz erbracht wird. Das Streben nach einer höheren Energieeffizienz läßt sich somit ohne Probleme mit dem ökonomischen Prinzip in Einklang bringen und entspricht dem Verhaltensmodell des homo oeconomicus. Im Zuge der aktuellen Diskussion über die Nachhaltigkeit von Lebensstilen und Konsummustern geht es aber auch um die Frage, ob eine Steigerung der Energieeffizienz ausreichend ist oder ob es nicht notwendig ist, Energieeinsparung zu betrieben, d.h. auf bestimmte Energiedienstleistungen ganz zu verzichten.

2. *Energieeffizienzpotentiale in Deutschland*

2.1 *Ausgangspunkt: Primärenergieverbrauch im Status-quo*

Der Primärenergieverbrauch betrug 1997 in der Bundesrepublik Deutschland 14.190 PJ (= 494,4 Mio. t SKE). Tabelle 1 zeigt die Aufteilung auf die verschiedenen Energieträger.[3]

Energieträger	Mio. t SKE	PJ	Anteil (%)
Mineralöl	195,4	5727	39,5
Erdgas	101,8	2984	20,6
Steinkohle	69,7	2043	14,1
Braunkohle	54,3	1591	11,0
Kernenergie	63,4	1858	12,8
Wasser- und Windkraft	2,5	73	0,5
Außenhandelssaldo Strom	-0,3	-9	0,0
Sonstige	7,6	223	1,5
Σ	494,4	14.490	100,0

Tab. 1: Primärenergieverbrauch in Deutschland 1997 (Quelle: Arbeitsgemeinschaft Energiebilanzen)

[3] Die Angaben zum Primärenergieverbrauch beruhen auf dem sogenannten Wirkungsgradprinzip.

Allerdings war 1997 in Deutschland ein relativ warmes Jahr mit nur 3722 Gradtagen gegenüber 3970 im langjährigen Mittel.[4] Der temperaturbereinigte Primärenergieverbrauch belief sich daher auf ca. 14.640 PJ (= 500 Mio. t SKE)[5]. Bezieht man diese Verbrauchswerte auf die Bevölkerungszahl von 82,1 Mio. Menschen, so ergibt sich ein Pro-Kopf-Energieverbrauch von 176 GJ (= 6 t SKE). Aus Abbildung 1 wird ersichtlich, wie dieser spezifische Energieverbrauch im internationalen Vergleich einzuordnen ist.

Die Abbildung zeigt die großen Unterschiede beim Pro-Kopf-Energieverbrauch. Ein Vergleich der beiden Extremwerte, die beide in Südostasien zu finden sind, ergibt, daß der Wert für Singapur den der Philippinen um das 35-fache übersteigt. Sowohl die Europäische Union als auch die Länder Mittel- und Osteuropas geben ein uneinheitliches Bild ab. So verbraucht ein Niederländer im Schnitt dreimal so viel Primärenergie wie ein Portugiese. Der Pro-Kopf-Energieverbrauch in Rußland ist quasi genauso hoch wie der in Deutschland und Frankreich und liegt wie der in der Tschechischen Republik noch oberhalb des EU-Durchschnitts. Dies ist jedoch kein Zeichen für ein vergleichbares Niveau bei Lebensstandard und Wirtschaftsleistung, sondern vielmehr für die Unterschiede in der Energieeffizienz. Die Werte der anderen mittel- und osteuropäischen Staaten bewegen sich alle unterhalb des EU- und oberhalb des globalen Durchschnitts. Polen und Bulgarien z.B. haben einen Primärenergieverbrauch pro Kopf, der ungefähr mit dem Italiens übereinstimmt. Dies bedeutet aber nicht, daß auch der Pro-Kopf-Konsum von Energiedienstleistungen vergleichbar ist.

[4] Die Gradtage als Maß für Witterungseinflüsse werden als Summe über die Differenzen zwischen einer bestimmten Raumtemperatur (hier 20 °C) und dem Tagesmittel der Außentemperatur berechnet.
[5] Vgl. Schiffer (1998).

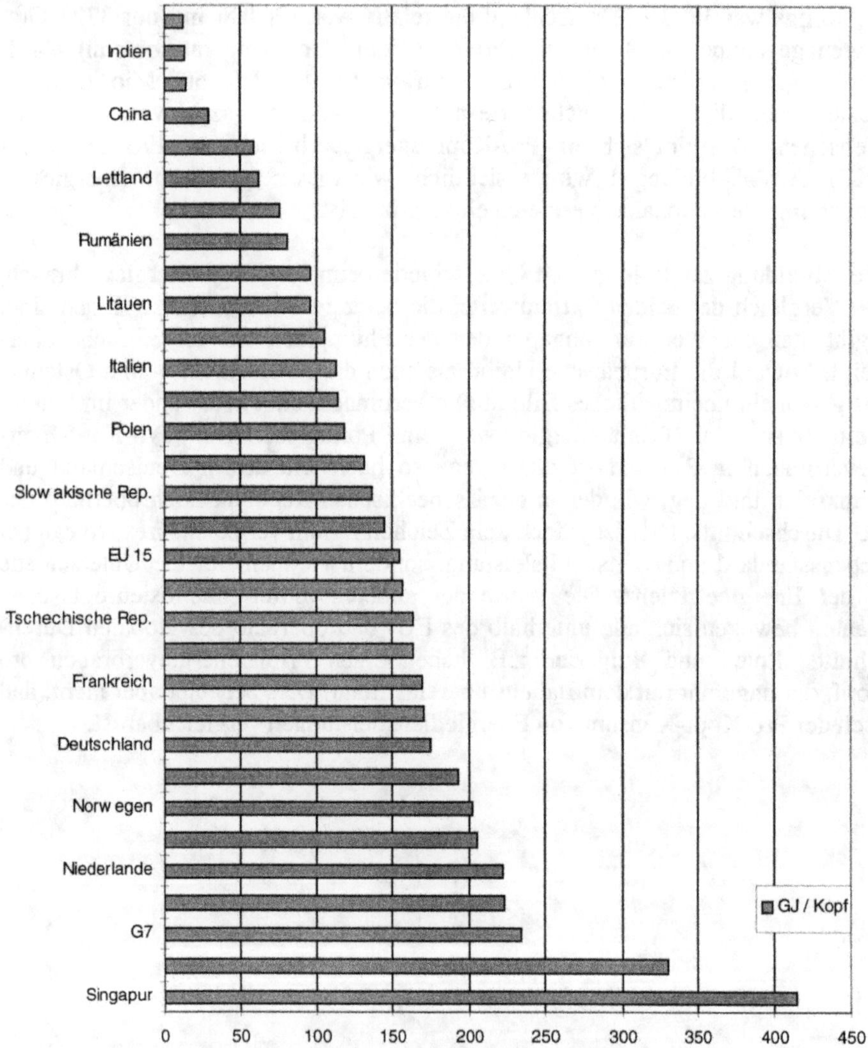

Abb. 1: Primärenergieverbrauch je Einwohner 1995 (Quelle: OECD 1997, IEA 1998, eigene Berechnungen)

Der deutsche Pro-Kopf-Primärenergieverbrauch liegt unterhalb der Durchschnittswerte der G7- und OECD-Staaten, deren hohes Niveau aber insbesondere auf die hohen Verbrauchswerte in Nordamerika zurückzuführen ist. Deutschland besitzt am globalen Primärenergieverbrauch einen Anteil von ca. 4,2 %, wobei der Anteil an der Weltbevölkerung nur 1,4 % ausmacht.

Betrachtet man dagegen die gesamtwirtschaftliche Energieintensität, also das Verhältnis von Primärenergieverbrauch zu realem Bruttoinlandsprodukt, so erhält man ein anderes Bild. Das deutsche BIP betrug 1997 3.126,7 Mrd. DM (in Preisen von 1991). Dies ergibt für den oben definierten Effizienzindikator einen Wert von 4,63 GJ/1000 DM (1991) BIP. Die Entwicklung der letzten Jahre zeigt eine deutliche Entkopplung von Energieverbrauch und gesamtwirtschaftlicher Entwicklung. Das BIP (in Preisen von 1991) ist zwischen 1991 und 1997 um 9,5 % gestiegen, während der Primärenergieverbrauch quasi konstant geblieben ist. Abbildung 2 zeigt die Entwicklung von Primärenergieverbrauch, BIP und gesamtwirtschaftlicher Energieintensität (jeweils temperaturbereinigt).

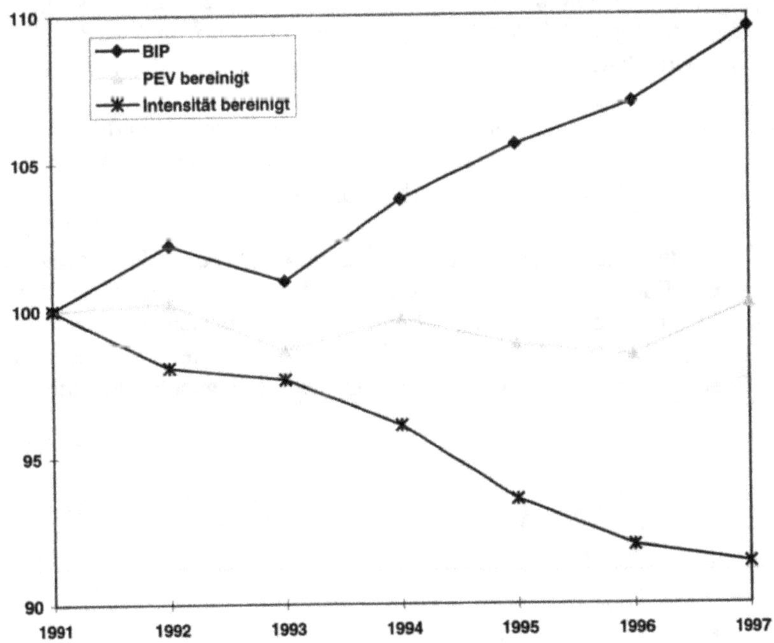

Abb. 2: Entwicklung von BIP, PEV und Energieintensität von 1991 bis 1997 in Deutschland (1991 = 100) (Quellen: Arbeitsgemeinschaft Energiebilanzen, Statistisches Bundesamt)

Die Abbildung illustriert den grundlegenden Trend der vergangenen Jahre: Mit Hilfe eines relativ konstanten Primärenergieeinsatzes wurde ein immer höheres BIP erwirtschaftet, d.h. auf dieser relativ hoch aggregierten volkswirtschaftlichen Ebene ist ein kontinuierlicher Anstieg der Energieeffizienz zu verzeichnen. Allerdings hat sich dieser Anstieg, wie man aus der Entwicklung der bereinigten Intensität ersehen kann, in den letzten Jahren verlangsamt.

Im Frühjahr diesen Jahres hat die Bundesregierung ein umweltpolitisches Schwerpunktprogramm vorgestellt, das die folgenden fünf Themenschwerpunkte umfaßt: Schutz der Erdatmosphäre, Schutz des Naturhaushalts, Schonung der Ressourcen, Schutz der menschlichen Gesundheit und umweltschonende Mobilität. Um die Fortschritte auf diesen Handlungsfeldern messen zu können, wurden verschiedene Unterziele quantifiziert. Für den Bereich der Energienutzung lautet die Vorgabe der Bundesregierung: Verdoppelung der Energieproduktivität bis 2020 auf der Basis von 1990.[6] 1990 lag dieser Wert bei 188 Mio. DM (1991)/PJ, so daß für das Jahr 2020 eine Energieproduktivität von 377 Mio. DM (1991)/PJ angestrebt wird.[7] Dies würde einem jährlichen Wachstum des BIP von 2,3 % p.a. bei konstantem Primärenergieeinsatz entsprechen. Im vergangenen Jahr wurden mit einem PJ Primärenergieeinsatz 216 Mio. DM BIP (in Preisen von 1991) erwirtschaftet.

Analog zur Vorgehensweise beim Pro-Kopf-Verbrauch soll auch die gesamtwirtschaftliche Energieeffizienz Deutschlands mit der anderer Volkswirtschaften verglichen werden. Dies geschieht in Abbildung 3.

Aus der Abbildung geht hervor, daß in Deutschland und der EU insgesamt, aber auch in Japan, Energie relativ effizient eingesetzt wird. Besonders auffällig sind die hohen Energieintensitäten der mittel- und osteuropäischen Staaten, die das Durchschnittsniveau der EU um das 3- bis 11-fache übersteigen. Dies deutet auf enorme Energieeffizienz- und damit auch CO_2-Minderungspotentiale hin.[8]

---

[6] Die Energieproduktivität wird ausgedrückt in BIP im Verhältnis zum Primärenergieverbrauch. Sie ist der Kehrwert der Energieintensität.

[7] Vgl. Bundesumweltministeriums (1998)

[8] Vgl. Opitz, Pfaffenberger (1996).

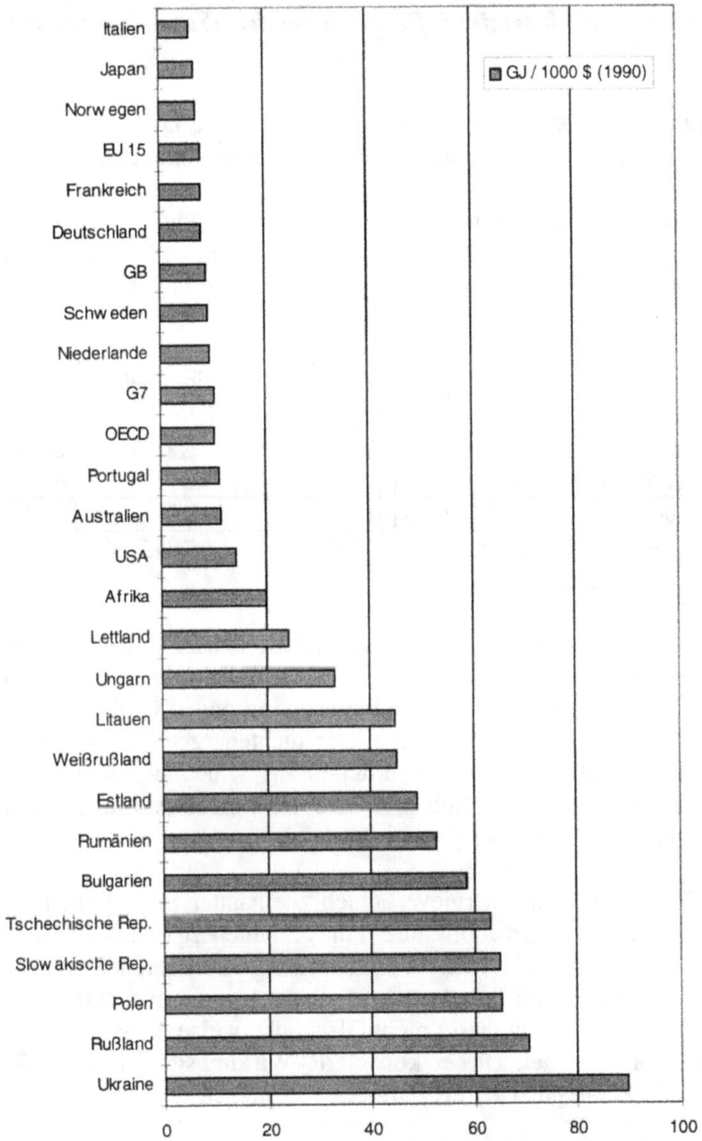

Abb. 3: Energieintensität des GDP 1995 (Quellen: OECD 1997, IEA 1998, eigene Berechnungen)

2.2 Von der Primär- zur Endenergie: Effizienz der ersten Transformationsebene

Um eine Steigerung der Gesamtenergieeffizienz zu erreichen, lassen sich innerhalb der Energieumwandlungskette verschiedene Ansatzpunkte identifizieren. Nach der Energieeffizienz von Primärenergiegewinnung und -transport, auf die hier nicht eingegangen werden soll, bietet sich die erste Möglichkeit bei der Transformation von Primär- in Endenergie. Tabelle 2 gibt einen Überblick über die Größenordnungen von Primär- und Endenergieverbrauch in Deutschland im Jahr 1996.

	PJ	Mio. t SKE	Anteil (%)
Primärenergieverbrauch	14768	503,9	100,0
Verbrauch und Verluste im Energiesektor	4138	141,2	28,0
Nichtenergetischer Verbrauch	1002	34,2	6,8
Endenergieverbrauch	9628	328,5	65,2

Tab. 2: Primär- und Endenergieverbrauch in Deutschland 1996 (Quelle: Arbeitsgemeinschaft Energiebilanzen)

Die Position "Verbrauch und Verluste im Energiesektor" besteht v.a. aus Eigenverbrauch und Verarbeitungsverlusten bei der Mineralölverarbeitung und der Elektrizitätserzeugung. Hinzu kommen noch die entsprechenden Größen bei Kokereien, Brikettfabriken und Fernheizwerken. Der nichtenergetische Verbrauch von Primärenergieträgern bezieht sich zu ca. 85 % auf Mineralölprodukte, z.B. als Grundstoffe in der chemischen Industrie oder als Schmierstoffe. Daneben spielen noch Erdgas und Kohlen eine gewisse Rolle.

Setzt man nun Primär- und Endenergieverbrauch zueinander in Beziehung, so ergibt sich für diese Transformationsstufe ein gesamtenergiewirtschaftlicher Wirkungsgrad. Dieser betrug 1996 65,2 %. Einen aussagekräftigeren Wert erhält man aber, wenn man zuvor den Primärenergieverbrauch um den nichtenergetischen Verbrauch korrigiert, damit dieser nicht fälschlicherweise die Effizienz des Transformationssektors belastet. Dieser korrigierte Wirkungsgrad betrug 1996 69,9 % und ist seit 1990 um gut zwei Prozentpunkte gestiegen.

Da der inhaltliche Schwerpunkt dieser Arbeit auf der Effizienz des Endenergie- und nicht des Primärenergieeinsatzes liegt, sollen die verschiedenen Umwandlungsbereiche und -technologien hier nicht näher analysiert werden. Die Untersuchung des Endenergieeinsatzes im nächsten Kapitel wird sich mehr an Verbrauchssektoren und Anwendungsbereichen orientieren, als an Energieträgern. Abweichend von diesen beiden Prinzipien soll an dieser Stelle ein Überblick über die Erzeugung und Verwendung von Elektrizität eingeschoben werden. Diese

Ausnahme hat zwei Gründe: Zum einen ist Elektrizität eine besonders hochwertige Energieform mit vielfältigen Einsatzmöglichkeiten und zum anderen werden gerade die Bemühungen zur Erhöhung der Energieeffizienz zu einer Verdrängung anderer Energieträger durch elektrischen Strom führen. Tabelle 3 zeigt Aufkommen und Verwendung von Strom in Deutschland im Jahre 1997.

Der Bruttostromverbrauch betrug 1997 in Deutschland ca. 545 Mrd. kWh und lag damit immer noch unterhalb des Wertes von 550 Mrd. kWh, der 1990, im Jahr der Wiedervereinigung, gemessen wurde. Der Zusammenbruch der ostdeutschen Wirtschaft, insbesondere der industriellen Produktion, führte zwischen 1989 und 1994 zu einem Rückgang des Stromverbrauchs in den neuen Ländern um 40 %.[9]

	1997 (Mrd. kWh)
Erzeugung im Inland durch	
Kraftwerke der öffentlichen Versorgung	485,0
Industriekraftwerke	54,85
Bahnkraftwerke	7,4
Bruttoinlandserzeugung	547,2
+ Stromimporte	37,5
- Stromexporte	39,9
Bruttostromverbrauch	544,8
- Kraftwerkseigenverbrauch	38,9
- Pumpstromverbrauch	5,6
- Netzverluste	20,4
Nettostromverbrauch	479,9

Tab. 3: Aufkommen und Verwendung von Strom in Deutschland 1997 (Quellen: BMWi 1998, VDEW 1998)

Vergleicht man nun, analog zur Vorgehensweise beim Primärenergieverbrauch, die Entwicklungen von Stromverbrauch und BIP miteinander, so ergibt sich ein ähnliches Bild: Es hat eine Entkopplung von Wirtschaftswachstum und Stromverbrauch stattgefunden. Die gesamtwirtschaftliche Stromintensität ist 1991 bis 1997 von 188,8 auf 174,2 kWh / 1000 DM BIP (1991) gesunken (siehe Abbildung 4).

[9] Vgl. Schiffer (1997).

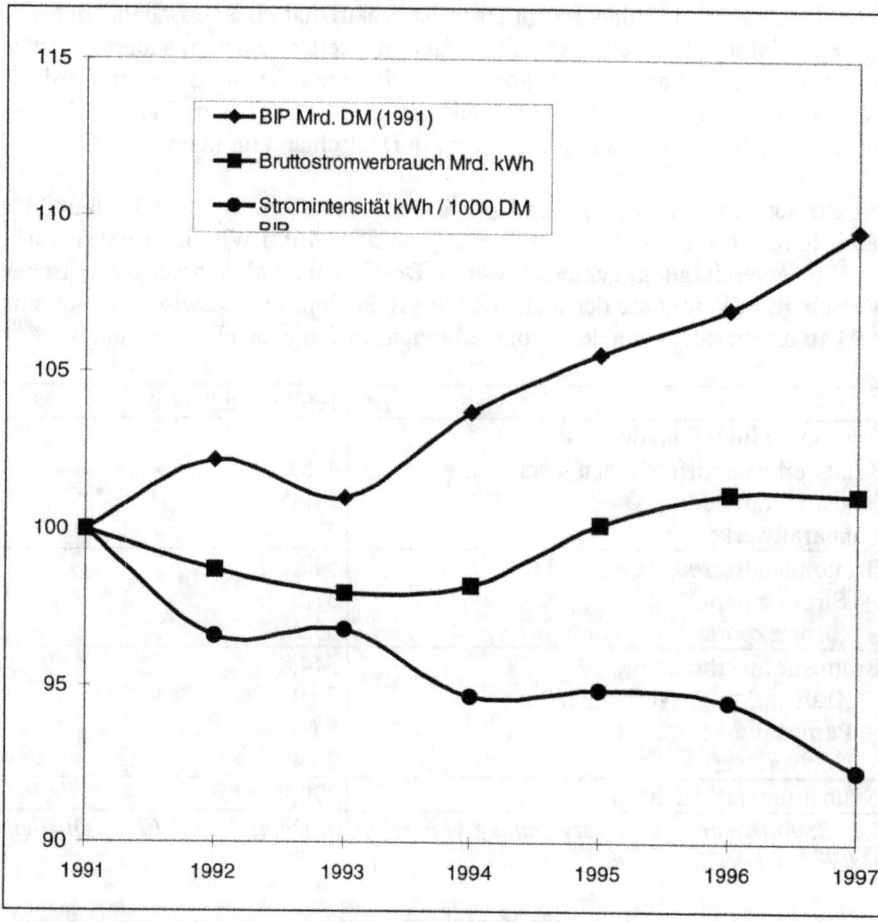

Abbildung 4: Stromverbrauch, BIP und Stromintensität
Quelle: VDEW, Stat. Bundesamt und eigene Berechnungen

Der Rückgang der Stromintensität zwischen 1991 und 1997 ist mit knapp 8 % nicht ganz so stark ausgefallen wie der der Primärenergieintensität (vgl. Abbildung 2). Ursache für diesen Rückgang war neben dem Wachstum des BIP insbesondere die gestiegene Energieeffizienz im Industriesektor. Auch beim Stromverbrauch soll ein internationaler Vergleich der Pro-Kopf-Werte und Intensitäten angestellt werden, um die Werte für Deutschland einordnen zu können.

	Stromverbrauch pro Kopf (kWh / capita)	Stromverbrauch /BIP (kWh / $ (1990))
Frankreich	7069	0,32
Spanien	4072	0,30
Portugal	3237	0,43
Italien	4610	0,23
Niederlande	5947	0,28
Deutschland	6406	0,29
Großbritannien	5698	0,31
Schweden	15244	0,57
Norwegen	24033	0,72
Rußland	5108	2,10
Estland	4143	1,41
Lettland	1973	0,78
Litauen	2480	1,15
Weißrußland	2751	1,29
Ukraine	3341	2,28
Tschechische Rep.	5729	2,21
Slowakische Rep.	4695	2,24
Ungarn	3199	1,01
Rumänien	2328	1,51
Polen	3160	1,75
Bulgarien	4305	2,21
USA	13040	0,55
Australien	9047	0,47
Japan	7749	0,29
China	773	1,46
Indien	367	0,92
Afrika	486	0,73
G 7	9540	0,42
OECD	7653	0,42
EU 15	6044	0,31
Welt	2187	0,52

Tabelle 4: Stromverbrauch pro Kopf und Stromintensität des GDP 1995 (Quelle: IEA 1998)[10]

[10] Electricity Consumption = Gross Production + imports - exports - transmission / distribution losses.

Beim Pro-Kopf-Konsum an Elektrizität zeigen sich gewaltige Unterschiede, so verbraucht ein Norweger im Schnitt 65 mal so viel Strom wie ein Inder. Auffällig in Europa sind die hohen Verbrauchswerte der skandinavischen Länder, die insbesondere auf den dort weit verbreiteten Einsatz von Elektrizität im Raumwärmesektor zurückzuführen sind. Der deutsche Verbrauch liegt unterhalb der G 7- und OECD- Durchschnittswerte, aber oberhalb des EU-Durchschnitts. Anders als beim Primärenergieverbrauch liegen jetzt die Werte einiger osteuropäischer Staaten, wie Lettland, Litauen, Weißrußland und Rumänien deutlich unter den Pro-Kopf-Verbräuchen der westeuropäischen Länder. Bei der Stromintensität des BIP zeigt sich ein vergleichsweise hohes Effizienzniveau in Westeuropa und Japan gegenüber deutlich höheren Intensitäten in Mittel- und Osteuropa. Es fällt auf, daß wie bei der Primärenergieintensität im Westen Italien und im Osten Lettland die besten Werte aufweisen. Die besonders bei den Pro-Kopf-Werten im globalen Vergleich sehr unterschiedlichen Ergebnisse lassen sich auf verschiedene Ursachen zurückführen: Entwicklungsstand und Struktur der Volkswirtschaft, Niveau des Lebensstandards, Grad der Elektrifizierung, klimatische Verhältnisse.

Für eine Untersuchung der Effizienz im stromerzeugenden Sektor selbst sind zwei Faktoren von Bedeutung:

- der Stromverbrauch innerhalb des Sektors, also der Eigenverbrauch der Kraftwerke, der Pumpstromverbrauch und die Netzverluste und
- der Wirkungsgrad bei der Umwandlung der verschiedenen Primärenergieträger in Elektrizität.

Die erste Position, der Eigenverbrauch des Sektors, lag in den letzten Jahren immer bei ca. 12 % der Bruttoinlandserzeugung. Tabelle 5 gibt einen Überblick über den Wirkungsgrad der konventionellen Wärmekraftwerke in Deutschland. Die Stromerzeugung aus Kernenergie, Wasser- und Windkraft wird hier nicht aufgeführt, da aufgrund der statistischen Methodik des Wirkungsgradprinzips bei Kernenergie ein Wirkungsgrad von 33 % und bei Wasser und Wind von 100 % unterstellt wird.

Energieträger	Brennstoffverbrauch für Stromerzeugung (PJ)	Bruttostromerzeugung (TWh)	Umwandlungswirkungsgrad (%)
Steinkohle	1397	152,8	39,3
Braunkohle	1426	144,3	36,4
Erdgas	470	52,7	40,3
Heizöl	65	6,8	37,6

Tab. 5: Brennstoffverbrauch und Bruttostromerzeugung nach eingesetzten Energieträgern 1996 (Quellen: BMWi 1998, eigene Berechnungen)[11]

[11] 1 PJ = 0,278 TWh.

Vergleicht man nun diese Wirkungsgrade mit dem derzeitigen Stand der Technik auf dem Kraftwerksmarkt, so ergibt sich ein beträchtliches technisches Effizienzpotential. Nach Herstellerangaben erreichen erdgasgefeuerte GuD-Anlagen elektrische Netto-Wirkungsgrade von 58 %. Für Steinkohle-Kraftwerke liegt dieser Spitzenwert aktuell bei 45 % und für Braunkohle bei 43 %. Im Bereich der Kohleverstromung werden zur Zeit Weiterentwicklungen konventioneller Techniken und neue Stromerzeugungsverfahren (z.B. Druckfeuerungen und Kohlevergasung) erprobt, die elektrische Netto-Wirkungsgrade von bis zu 50 % versprechen.[12]

Dieses technische Potential läßt sich aber natürlich nur im Zuge von Kraftwerksneubauten realisieren. Bis zum Jahr 2005 ist jedoch keine grundlegende Erneuerung des Kapitalstocks der Elektrizitätswirtschaft in Westdeutschland zu erwarten, da dieser in den vergangenen Jahren im Zuge der Anpassung an verschärfte Umweltanforderungen bereits erheblich modernisiert wurde. Der Kraftwerkspark in den neuen Bundesländern ist seit der Wiedervereinigung grundlegend umstrukturiert und modernisiert worden. In den vergangenen Jahren wurden mehrere Braunkohlekraftwerke und erdgasgefeuerte GuD-Anlagen, sowie ein Steinkohlekraftwerk neu errichtet und im Gegenzug alte DDR-Kraftwerkskapazitäten stillgelegt. Daher wird sich die Erzeugungsstruktur in Ostdeutschland bis zum Jahr 2020 kaum verändern. Effizienzsteigerungen bei der Stromerzeugung sind daher erst ab dem Jahr 2010 zu erwarten, da ab dann der Kraftwerksbestand in den alten Bundesländern nach und nach ersetzt werden muß. Es wird prognostiziert, daß diese Entwicklungen in der Summe zu einer durchschnittlichen Verbesserung der Energieeffizienz im Kraftwerkssektor von 0,5 % p. a. für den Zeitraum 1997 bis 2000 führen.[13]

Alle Prognosen, die sich mit der zukünftigen Zusammensetzung des Kraftwerksparks in Deutschland befassen, sind mit einem erheblichen Unsicherheitsfaktor belastet, nämlich der Rolle der Kernenergie. Zum Abschluß dieses Kapitels sollen die Ergebnisse einer Studie, die im Auftrag des Bundesministeriums für Wirtschaft vom Forschungsinstitut prognos erarbeitet wurde, dargestellt werden.[14]

Diese Studie geht davon aus, daß auch im Jahr 2020 noch ca. 150 TWh Strom aus Kernkraft hergestellt wird, d.h. sie unterstellt Kernkraftwerksneubauten als Ersatz für Anlagen, die in den 70er Jahren errichtet wurden und innerhalb der nächsten Jahre das Ende ihrer Betriebszeit erreichen. Für die Bruttostromerzeugung insgesamt wird zwischen 1997 und 2020 ein Anstieg von ca. 15 % erwartet.

[12] Für einen Überblick vgl. Otte, Kuckshinrichs (1997).
[13] Vgl. ESSO (1997).
[14] Vgl. prognos (1996).

Die folgende Tabelle enthält die Prognosen bezüglich Stromerzeugung und Energieträgereinsatz.

Energieträger	Bruttostromerzeugung (TWh)	Brennstoffeinsatz (PJ)	Umwandlungswirkungsgrad (%)
Kernkraft	148,4	-	-
Steinkohle	176,7	1463	43,4
Braunkohle	158,3	1389	41,0
Erdgas	81,2	575	50,8
Heizöl	7,1	60	42,6
Sonst. Brennstoffe	26,3	-	-
Wasser	25,3	-	-
Wind	7,5	-	-
Photovoltaik	0,3	-	-

Tab. 6: Stromerzeugung und Brennstoffeinsatz in Deutschland im Jahr 2020 - Prognose der prognos AG (Quelle: prognos 1996)

Ein Vergleich der prognostizierten Wirkungsgrade mit denen des Jahres 1996 (vgl. Tabelle 5) gibt Aufschluß über die Größenordnung des realisierbaren Energieeffizienzpotentials in der Stromerzeugung.

Für die Entwicklung der Netzverluste liegen keine quantitativen Abschätzungen vor. In Ostdeutschland sind hier noch Effizienzsteigerungen möglich, da Teile des Netzes noch nicht modernisiert wurden. Außerdem ist das verlustärmere Mittel- und Hochspannungsnetz noch nicht auf dem Ausbaustand der alten Bundesländer. Ein entscheidender Impuls für die Reduzierung der Netzverluste könnte in der Zukunft vom Einsatz von Supraleitern ausgehen. Hier ist jedoch noch erhebliche Forschungs- und Entwicklungsarbeit notwendig. Auf der anderen Seite wird die Liberalisierung der Strommärkte in Europa tendenziell dazu führen, daß mehr Strom über größere Distanzen transportiert wird und es so wieder zu einem Anstieg der Netzverluste kommen kann.

2.3 Von der End- zur Nutzenergie: Effizienz der zweiten Transformationsebene

2.3.1 Struktur des Endenergieverbrauchs in Deutschland

Aus Tabelle 2 läßt sich entnehmen, daß der Endenergieverbrauch in Deutschland im Jahr 1996 9628 PJ betrug. Er lag damit im Gegensatz zum Primärenergieverbrauch bereits wieder oberhalb des Wertes im Jahr der Wiedervereinigung (1990: 9441 PJ). Zwar ist der Endenergieverbrauch seit 1991 ebenfalls weniger stark gestiegen als das BIP, aber doch stärker als Primärenergieverbrauch und Bruttostromverbrauch. Letzteres deutet darauf hin, daß andere Endenergieträger höhere Wachstumsraten aufweisen als Elektrizität und daß Anwendungsbereiche, in denen Strom eine relativ geringe Rolle spielt, z.B. Verkehr oder Raumwärme, an

Bedeutung für die Endenergienachfrage gewinnen. Tabelle 7 enthält die nach Energieträgern geordnete Struktur des Endenergieverbrauchs.

Energieträger	1996		1991		Verbrauchsänderung
	Verbrauch (PJ)	Anteil (%)	Verbrauch (PJ)	Anteil (%)	1991-1996 (%)
Steinkohlen	422	4,4	533	5,7	- 20,8
Braunkohlen	155	1,6	554	5,9	- 72,0
Kraftstoffe	2682	27,9	2538	27,2	+ 5,7
Heizöl schwer	135	1,4	185	2,0	- 27,0
Heizöl leicht	159	16,6	1501	16,1	+ 6,4
Gase	2520	26,2	2008	21,6	+ 25,5
Strom	1600	16,6	1565	16,8	+ 2,2
Fernwärme	378	3,9	378	4,1	± 0
Sonstige	138	1,4	56	0,6	+ 146,4
Σ	9628	100,0	9317	100,0	+ 3,3

Tab. 7: Struktur des Endenergieverbrauchs in Deutschland 1991 und 1996 (Quelle: Arbeitsgemeinschaft Energiebilanzen)

Wie man sieht, haben sich die Verbräuche der verschiedenen Energieträger in den letzten Jahren sehr unterschiedlich entwickelt. Der Rückgang des Verbrauchs an Stein- und Braunkohle und der gleichzeitige Verbrauchsanstieg bei leichtem Heizöl und Gas ist Folge der Substitutionsvorgänge im Raumwärmesektor. Der auffallend starke Rückgang bei der Braunkohle ist auf die grundlegende Veränderung der Beheizungsstruktur in den neuen Bundesländern zurückzuführen. In der ehemaligen DDR hatte die Braunkohle 1989 einen Anteil von 73 % bei der Wohnungsbeheizung. Dieser Wert sank bis 1996 auf 25 %.[15] Der Mehrverbrauch bei den Kraftstoffen ist eine Folge des gestiegenen Verkehrsaufkommens. Im nächsten Schritt soll die Aufteilung des Endenergieverbrauchs auf die verschiedenen Sektoren untersucht werden (vgl. Tabelle 8).

Sektor	1996		1991		Verbrauchs-änderung
	Verbrauch (PJ)	Anteil (%)	Verbrauch (PJ)	Anteil (%)	(%)
Industrie	2400	24,9	2693	28,9	- 10,9
Gewerbe, Handel, Dienstleistungen, Militär	1694	17,6	1680	18,0	+ 0,8
Haushalte	2934	30,5	2515	27,0	+ 16,7
Verkehr	2600	27,0	2430	26,1	+ 7,0
Σ	9628	100,0	9317	100,0	+ 3,3

Tab. 8: Sektorale Aufteilung des Endenergieverbrauchs in Deutschland 1991 und 1996 (Quelle: AG Energiebilanzen)

[15] Quelle: Verbundnetz Gas AG.

Ohne die Ergebnisse der noch folgenden sektoralen Analysen vorwegzunehmen, lassen sich doch einige grundlegende Trends identifizieren: Der industrielle Endenergieverbrauch sinkt in absoluten Werten. Die relative Bedeutung des Energieverbrauchs der Güterangebotsseite der Volkswirtschaft, also Industrie, Gewerbe, Handel und Dienstleistungen, geht zurück. Der Endenergieverbrauch der privaten Haushalte und des Verkehrssektors steigt sowohl absolut, als auch relativ. Diese Trends werden auch durch die Resultate von noch weiter in die Vergangenheit zurückreichenden Zeitreihenanalysen gestützt.[16]

Den Abschluß dieses Kapitels bildet ein Blick auf den Endenergieverbrauch des Jahres 2020. Dieser ist nach der bereits zitierten Studie der prognos AG genauso hoch wie 1996 und wird die in der folgenden Tabelle dargestellte Struktur aufweisen.

Energieträger	Anteil (%)	Sektor	Anteil (%)
Steinkohlen	2,7	Industrie	28,9
Braunkohlen	0,8	Gewerbe, Handel, Dienstleistungen, Militär	17,7
Mineralölprodukte	45,1	Haushalte	23,2
Gase	25,9	Verkehr	30,2
Strom	20,8		
Fernwärme	4,1		
Sonstige	0,6		

Tab. 9: Struktur des Endenergieverbrauchs in Deutschland im Jahre 2020 - Prognose der prognos AG (Quelle: prognos 1996)

Insgesamt ist zu erwarten, daß sich in den nächsten Jahrzehnten weiterhin ein sog. Rebound-Effekt beobachten läßt: Die kontinuierlich stattfindenden Energieeffizienzsteigerungen in allen Verbrauchsbereichen werden durch ebenso kontinuierliche Produktions- und Konsumsteigerungen in der Summe "aufgefressen".

2.3.2 Der Endenergieverbrauch der Industrie

Die Industrie[17] hat mit 2400 PJ einen Anteil von ca. 25 % am deutschen Endenergieverbrauch. An der Bruttowertschöpfung ist sie jedoch mit ca. 33 % beteiligt. Die folgende Graphik zeigt die Entwicklung des industriellen Endenergieverbrauchs und der Bruttowertschöpfung dieses Sektors in den vergangenen Jahren.

[16] Vgl. Schiffer (1997).

[17] Zum Industriesektor gehören die Bereiche übriger Bergbau und verarbeitendes Gewerbe.

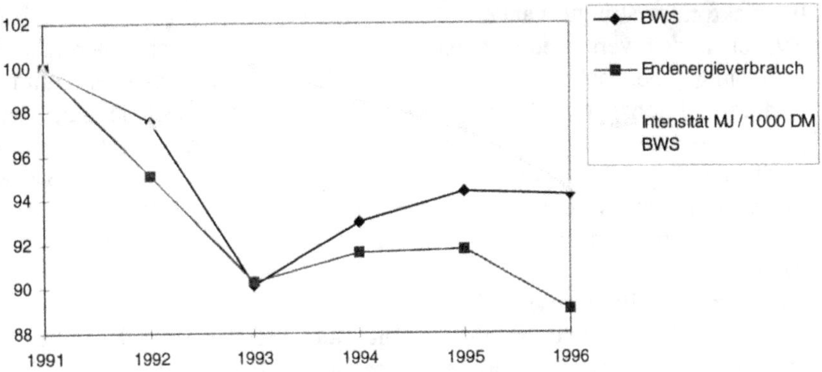

Abb. 5: Entwicklung von Bruttowertschöpfung, Endenergieverbrauch und Energieintensität im Sektor Industrie von 1991 bis 1996 (1991 = 100) (Quelle: BMWI 1998, eigene Berechnungen)

Die in der Abbildung dargestellte Entwicklung der jüngeren Vergangenheit läßt sich in zwei Phasen einteilen. Der deutliche Rückgang bei Bruttowertschöpfung und Energieverbrauch bis 1993 ist auf die massive Schließung energieintensiver Produktionsstätten in den neuen Bundesländern nach der Wiedervereinigung zurückzuführen. Nach Abschluß dieses Anpassungsprozesses wurde dann ab 1994 der langfristige Trend wieder aufgenommen. Die Endenergieintensität des Industriesektors lag 1996 bei 3085 MJ / 1000 DM BWS (1991), d.h. 40 % unterhalb des entsprechenden Wertes im Jahr 1973.[18] Dieser Rückgang läßt sich im wesentlichen auf drei Faktoren zurückführen:

1. Reduzierung des spezifischen Energieeinsatzes pro hergestellter Produkteinheit.
   In der Industrie vollzieht sich eine kontinuierliche Modernisierung der Produktionsanlagen. Diese ständige Erneuerung des Kapitalstocks ist die Konsequenz eines wettbewerbsorientierten Wirtschaftssystems, das die Unternehmen zu Produkt- und Prozeßinnovationen, sowie Kostenminimierung zwingt. Die Einführung neuer Produktionstechniken führt dann häufig zu Energieeinsparungen, auch wenn diese nicht das eigentliche Motiv der Unternehmen waren. Daneben gab und gibt es aber auch ganz bewußte Investitionen, die auf eine Reduzierung des betrieblichen Energieverbrauchs abziehen. Hierzu gehören z.B. Anlagen zur Nutzung der bei der Produktion entstehenden Abwärme.

[18] Vgl. Schiffer (1997).

2. Intersektoraler Strukturwandel
   Zwischen den verschiedenen Industriezweigen lassen sich erhebliche Verschiebungen beobachten. Die Gruppe der relativ energieintensiven Grundstoff- und Produktionsgüterindustrien verliert immer mehr an Bedeutung. Hierzu gehören Branchen wie z.B. Steine und Erden, Eisen und Stahl, Chemie, Zellstoff-, Papier- und Pappeerzeugung. Im Gegenzug gewinnt die weniger energieintensive Investitions- und Konsumgüterindustrie an Gewicht. Diese umfaßt u.a. Maschinen- und Fahrzeugbau, Elektrotechnik, Glas, Textil und Nahrungsmittel.
3. Intrasektoraler Strukturwandel
   Der Wandel der Produktpalette innerhalb der verschiedenen Branchen wirkt sich ebenfalls energieverbrauchsmindernd aus. Dies läßt sich insbesondere am Beispiel der chemischen Industrie illustrieren. Innerhalb des Produktionsprogramms findet hier eine Verlagerung weg von der energieintensiven Grundstoffchemie, z.B. der Herstellung von Chlor oder Ammoniak, hin zur weniger energieintensiven Produktion höherwertiger Erzeugnisse, z.B. Pharmaka, Kosmetik, Agrarprodukte, statt.

Es wird geschätzt, daß die ständige Erneuerung des Kapitalstocks und der intrasektorale Strukturwandel 70 % und der intersektorale Strukturwandel 30 % zur Verbesserung der Energieeffizienz in den vergangenen 25 Jahren beigetragen haben.[19]

Inter- und intrasektroale Unterschiede sind auch dafür verantwortlich, daß die industrielle Energieintensität in den neuen Bundesländern dreimal so hoch ist wie in den alten.[20] Der Anteil der Grundstoffindustrie am gesamten Verarbeitenden Gewerbe ist im Osten größer als im Westen. Darüber hinaus weisen im Osten diese Branchen höhere Wachstumsraten auf als die Investitionsgüterindustrie, so daß sich diese regionale intersektorale Struktur aktuell sogar noch verfestigt. Aber auch Vergleiche innerhalb einer Branche ergeben häufig, daß die Produktpalette der Betriebe in den neuen Bundesländern energieintensiver ist als in den alten (vgl. Tabelle 10).

[19] Vgl. ESSO (1996).
[20] Vgl. Laschke (1997).

Branche	Energieintensität (GJ / 1000 DM Nettoprodukt)	
	neue Bundesländer	alte Bundesländer
Mineralölverarbeitung	8	3
Steine und Erden	6	7
Eisenschaffende Industrie	34	49
NE-Metallurgie	16	10
Chemie	24	6
Zellstoff, Papier, Pappe	55	26

Tab. 10: Energieintensität ausgewählter Branchen in Ost- und Westdeutschland 1994 (Quelle: Laschke 1997)

Im Gegensatz zu den drei angesprochenen Faktoren hat der Verlauf der Energiepreise quasi keine Auswirkungen auf das Ausmaß der Energieeffizienzsteigerungen . Weder ist es bei den Energiepreissprüngen 1973 und 1979 zu einem sprunghaften Anstieg der Energieeffizienz gekommen, noch hat sich nach dem Ölpreisverfall 1985 der Effizienzverbesserungsprozeß verlangsamt. Zu beobachten ist statt dessen ein gleichmäßiger Rückgang des spezifischen Energieverbrauchs im Zuge der kontinuierlichen Umschichtungen des Kapitalstocks.[21]

Als nächstes soll dargestellt werden, für welche Anwendungsbereiche in der Industrie die Endenergie eingesetzt wird und wie effizient die Umwandlung der Endenergie in Nutzenergie gestaltet ist. Hierfür werden die folgenden Anwendungsbereiche unterschieden:

- Raumwärme
- Warmwasser
- sonstige Prozeßwärme
- mechanische Energie
- Beleuchtung

Die folgende Tabelle zeigt die Bedeutung der verschiedenen Kategorien im industriellen Sektor der alten Bundesländer und in Westdeutschland insgesamt:

Anwendungsbereich	Industrie ABL (%)	Alle Sektoren ABL (%)
Raumwärme	10,4	32,3
Warmwasser	0,7	5,2
sonstige Prozeßwärme	67,4	21,5
mechanische Energie	19,8	39,1
Beleuchtung	1,6	1,9

Tab. 11: Struktur des Endenergieverbrauchs nach Anwendungsbereichen 1993 (Quelle: VDEW 1995)

[21] Vgl. ESSO (1996) und Schiffer (1997).

Aus der Tabelle ist ersichtlich, daß 2/3 des Endenergieverbrauchs in der Industrie auf die Erzeugung von Prozeßwärme entfallen. Damit hat hier dieser Anwendungsbereich ein erheblich größeres Gewicht als im gesamtwirtschaftlichen Durchschnitt und bietet den erfolgsversprechendsten Ansatzpunkt für Effizienzsteigerungsbemühungen in diesem Sektor. Dagegen ist der für Beleuchtungszwecke aufgewendete Energieeinsatz von untergeordneter Bedeutung (< 2 %). Dies relativiert die oftmals in der öffentlichen Energieeinsparungsdiskussion anzutreffende Dominanz dieser Verwendungsform. Aussagen über die Effizienz des Endenergieeinsatzes, d.h. über das Verhältnis von Endenergieverbrauch und daraus resultierender Nutzenergiebereitstellung, werden durch die mangelnde Qualität des verfügbaren Datenmaterials erschwert. Die Bundesregierung hat die folgenden Werte für die alten Bundesländer für das Jahr 1990 veröffentlicht.

Anwendungsbereich	Effizienz (Nutzenergiebereitstellung in % des Endenergieverbrauchs)	
	Industrie	alle Sektoren
Prozeßwärme	58,0	53,5
Raumwärme	70,0	72,5
Mechanische Energie und Licht	46,0	25,0
insgesamt	56,6	47,3

Tab. 12: Effizienz des Endenergieeinsatzes in Westdeutschland 1990 (Quellen: AG Energiebilanzen, RWE-Anwendungstechnik)

Die Endenergieeffizienz ist im industriellen Sektor insgesamt höher als im gesamtwirtschaftlichen Durchschnitt, dies ist, wie später noch gezeigt wird, v.a. auf die extrem niedrige Effizienz des Verkehrssektors bei der Bereitstellung mechanischer Energie zurückzuführen. Trotzdem bleibt festzuhalten, daß über 40 % der in der Industrie eingesetzten Endenergie ungenutzt bleiben und i.d.R. in Form von Abwärme an die Umgebung verloren gehen. Für die gesamte Volkswirtschaft ergibt sich die Faustregel, daß das Verhältnis von Primärenergie zu Endenergie zu Nutzenergie ungefähr 3:2:1 beträgt.

Die bisherige Analyse des Endenergieverbrauchs in diesem Kapitel bezog sich auf den künstlichen, hochaggregierten Verbrauchssektor Industrie. Im nächsten Schritt sollen nun auf einer niedrigeren Aggregationsebene einzelne Branchen innerhalb dieses Sektors untersucht werden. Tabelle 13 enthält einige Informationen über die zehn größten Energieverbraucher innerhalb des Industriesektors.

Der industrielle Endenergieverbrauch konzentriert sich auf wenige Branchen. 84 % des Verbrauchs entfallen auf die zehn größten Verbraucher. Diese erbringen allerdings auch 60 % der industriellen Bruttowertschöpfung. Besonders auffällig ist die Rolle der Chemieindustrie und der Eisen- und Stahlerzeugung. Obwohl sie nur 10 % zur Wirtschaftsleistung beitragen, entfällt auf sie mehr als die Hälfte des Energieverbrauchs.

Bei einem Vergleich des spezifischen Energieverbrauchs erhält man für die Investitionsgüterbranchen Straßenfahrzeugbau, Maschinenbau und Elektrotechnik relativ niedrige Intensitäten. Diese Sektoren sind nur aufgrund ihrer hohen Wertschöpfung in der obigen Top-Ten-Liste vertreten. Die Intensitäten der Grundstoffindustrien Eisen und Stahl, Zellstoff, Papier, Pappe und Chemie liegen dagegen um das 10- bis 50-fache über denen der o. g. drei Branchen. Die Situation in den drei größten Verbrauchssektoren soll für die alten Bundesländer kurz dargestellt werden:[22]

Branche	Endenergieverbrauch (TJ)	Anteil am gesamten industriellen Endenergie-verbrauch (%)	Anteil an der industriellen Bruttowertschöpfung (%)
Chemie	1.206.549	33,82	8,47
Eisen und Stahl	637.066	17,86	1,54
Steine und Erden	266.814	7,48	3,95
Nahrungsmittel	227.352	6,37	7,33
Zellstoff, Papier, Pappe	141.185	3,96	0,63
Straßenfahrzeuge	126.951	3,56	11,68
NE-Metalle	106.770	2,99	0,83
Maschinenbau	104.972	2,94	12,10
Elektrotechnik	94.707	2,65	12,74
Glas	89.108	2,50	0,84
Σ_{10}	3.001.474	84,13	60,13
Industrie	3.567.489	100,00	100,00

Tab. 13: Die zehn größten industriellen Energieverbraucher 1993 (Quelle: Statistisches Bundesamt 1997)[23]

Der industrielle Endenergieverbrauch konzentriert sich auf wenige Branchen. 84 % des Verbrauchs entfallen auf die zehn größten Verbraucher. Diese erbringen allerdings auch 60 % der industriellen Bruttowertschöpfung. Besonders auffällig ist die Rolle der Chemieindustrie und der Eisen- und Stahlerzeugung. Obwohl sie nur 10 % zur Wirtschaftsleistung beitragen, entfällt auf sie mehr als die Hälfte des Energieverbrauchs.

[22] Vgl. ESSO (1996).

[23] Aufgrund des abweichenden Darstellungskonzeptes enthalten die Angaben des Statistischen Bundesamtes auch die Verbräuche für die innerhalb der Sektoren erbrachten Verkehrsleistungen.

Bei einem Vergleich des spezifischen Energieverbrauchs erhält man für die Investitionsgüterbranchen Straßenfahrzeugbau, Maschinenbau und Elektrotechnik relativ niedrige Intensitäten. Diese Sektoren sind nur aufgrund ihrer hohen Wertschöpfung in der obigen Top-Ten-Liste vertreten. Die Intensitäten der Grundstoffindustrien Eisen und Stahl, Zellstoff, Papier, Pappe und Chemie liegen dagegen um das 10- bis 50-fache über denen der o. g. drei Branchen. Die Situation in den drei größten Verbrauchssektoren soll für die alten Bundesländer kurz dargestellt werden:[24]

1. Chemieindustrie
   Von 1970 bis 1995 stieg der Energieverbrauch der chemischen Industrie um insgesamt fünf Prozent bei einer gleichzeitigen Zunahme der Produktion um 90 %. Der daraus resultierende Rückgang des spezifischen Energieverbrauchs um 45 % ist auf verbesserte Produktionsverfahren, die Nutzung von Abwärme und den intrasektoralen Strukturwandel zurückzuführen. Bei den Produktionsprozessen der Grundstoffchemie wird es in den nächsten Jahren zu weiteren Energieeffizienzsteigerungen kommen, gleichzeitig wird die Bedeutung dieser Teilbranche weiter abnehmen. Für die Zeit bis zum Jahr 2010 erwartet ESSO eine Verbesserung der Energieeffizienz in der Chemie um 1,6 % p. a..
2. Eisen und Stahl
   In den vergangenen 25 Jahren sank der spezifische Energieverbrauch um 30 %, ausgelöst durch Rückgänge des Endenergieverbrauchs um 38 % und der Nettoproduktion um 11 %. Energiesparend wirkten sich insbesondere technische Innovationen im Hochofenbereich aus. Verbesserte Herstellungsverfahren und der verstärkte Einsatz von Wärmerückgewinnung können bis 2010 zu Effizienzsteigerungen von 0,7 % p. a. führen.
3. Steine und Erden
   Innerhalb dieser Branche ist die Produktion von Zement, Kalk, Ziegeln und keramischen Erzeugnissen besonders energieintensiv. Technische Verbesserungen in diesen Bereichen haben im Zeitraum 1970 bis 1995 zu einem Anstieg der Energieeffizienz von 48 % geführt (Endenergieverbrauch - 45 %, Nettoproduktion + 9 %). Weitere Prozeßinnovationen sind auch die Basis für die bis 2010 zu erwartenden Effizienzgewinne von 2,5 % p. a..

Insgesamt prognostiziert ESSO für den gesamten Industriesektor der alten Bundesländer Energieeffizienzsteigerungen von 2 % p. a. für den Zeitraum 1996 bis 2010 bzw. 1,7 % p. a. bezogen auf die Spanne 1997 bis 2020.

Die bereits in Kapitel 2.3.1 herangezogene Studie der prognos AG beziffert den Endenergieverbrauch der Industrie im Jahr 2020 auf 2777,5 PJ. Dies würde gegenüber 1996 eine Steigerung von ca. 15 % bedeuten. Grundlage dieser Prognose ist ein angenommener jährlicher Zuwachs der industriellen Nettoproduktion von 2,3 % p. a. für 1992 bis 2020. Für den spezifischen Energieverbrauch wird inner-

[24] Vgl. ESSO (1996).

halb dieses Zeitraums ein Rückgang von 43 % erwartet, dies entspricht 1,3 % p.a..

2.3.3 Der Endenergieverbrauch im Verkehrssektor

Der Endenergieverbrauch des Verkehrsbereichs in Deutschland betrug 1996 2600 PJ, dies entspricht einem Anteil von 27 % am gesamten Verbrauch. 1973 betrugen diese Werte noch 1579 PJ und 16,6 %. Dieser Verbrauchsanstieg von 64 % während der vergangenen 23 Jahre ist der stärkste aller Verbrauchsbereiche (Industrie - 37 %, Haushalte + 25 %, Kleinverbraucher - 2 %).

Im Unterschied zu den anderen Verbrauchssektoren ist der Verkehrsbereich durch eine doppelt einseitige Verbrauchsstruktur gekennzeichnet:

- 99,9 % der Endenergie werden zur Bereitstellung mechanischer Energie, d.h. für den Antrieb mobiler Fahrzeuge genutzt. Die Restgröße entfällt auf den Raumwärmebedarf von Bahnhöfen, U-Bahn-Stationen etc., die beim Verkehrssektor mitgezählt werden.
- 98 % der Antriebsenergie werden durch den Einsatz von Mineralölerzeugnissen bereitgestellt, der Rest mittels Elektrizität.

Trotz dieser Zahlen ist der Verkehrssektor sehr heterogen. Die Transportleistungen des Personen- und Güterverkehrs werden von einer Vielzahl unterschiedlicher Transportsysteme erbracht, die unterschiedliche Energieverbrauchscharakteristika aufweisen und deren Anteile am gesamten Transportvolumen sich unterschiedlich entwickeln. Im folgenden soll zunächst der modal split im Personen- und Güterverkehr dargestellt werden.

Personenverkehr

Hier muß zwischen dem öffentlichen Personenverkehr und dem Individualverkehr unterschieden werden. Ersterer setzt sich aus einer Vielzahl von Verkehrsträgern zusammen, z.B. Eisenbahn, Straßen- und U-Bahn, Bus, Flugzeug. Der Individualverkehr umfaßt dagegen nur Verkehr mit Pkw's und Motorrädern (incl. Mietwagen und Taxi). Tabelle 14 gibt einen Überblick über die Verkehrsträger und ihre Transportleistungen im Jahr 1997.

Verkehrsträger	beförderte Personen in Millionen	Beförderungsleistung in Milliarden Personen-kilometern (1)
Öffentlicher Personennahverkehr	9293,1	85,1
- Eisenbahnverkehr (2)	1585,2	33,5
- Straßenverkehr (3)	7707,9	51,6
Öffentlicher Personenfernverkehr	323,1	83,1
- Eisenbahnverkehr	145,4	31,0
- Straßenverkehr (4)	78,3	24,1
- Luftverkehr (5)	99,4	28,0
gesamter Öffentlicher Personenverkehr	9616,1	168,2
Individualverkehr	49974,0	747,8
gesamter Personenverkehr	59590,1	916,0

Erläuterungen: (1) Beförderungsleistung = Produkt aus Zahl der Fahrgäste und den Fahrtweiten
(2) Nahverkehrszüge der Deutschen Bahn und anderer Anbieter
(3) Linienverkehr mit Straßenbahnen, U-Bahnen, Omnibussen
(4) Gelegenheitsverkehr, z.B. Ausflugs- und Urlaubsbusreisen
(5) Verkehrsleistungen über dem Gebiet der BRD

Tab. 14: Modal split des Personenverkehrs in Deutschland 1997 (Quelle: ifo 1998)

Beim Personenverkehr besitzt der Individualverkehr eine überragende Stellung, sein Anteil an der Beförderungsleistung beträgt über 81 %. Die Beförderungsleistungen des öffentlichen Personenverkehrs werden zu 38 % durch Eisenbahnen, zu 45 % im Straßenverkehr und zu 17 % im Luftverkehr erbracht. Struktur und Volumen des Personenverkehrs haben sich in den letzten Jahren erheblich gewandelt. Im Jahr 1980, dem frühesten Zeitpunkt, an dem gesamtdeutsche Daten verfügbar sind, betrug die Beförderungsleistung noch 706,5 Milliarden Personenkilometer und der Anteil des motorisierten Individualverkehrs belief sich auf knapp 75 %. Insgesamt ist in der Vergangenheit beim modal split ein grundlegender Trend zugunsten des Individual- und Luftverkehrs festzustellen. Öffentlicher Personennahverkehr und Eisenbahnverkehr verlieren dagegen - auch in absoluten Werten - an Bedeutung. Besonders auffällig ist die Entwicklung in den neuen Bundesländern. In der ehemaligen DDR hatte der Öffentliche Personenverkehr (ohne Luftverkehr) 1987 einen Anteil von über 40 % am gesamten Personalverkehrsaufkommen. 1992 war dieser Wert bei einer quasi konstanten Gesamtbeförderungsleistung auf unter 19 % gesunken.[25] Die treibende Kraft hinter der Entwicklung der vergangenen Jahre ist die Zunahme der durch Freizeitgestaltung und Urlaubsreisen ausgelösten Nachfrage nach Verkehrsleistungen.

[25] Vgl. Bundesumweltministerium (1994).

Güterverkehr

Der Güterverkehr läßt sich in einen Nah- und einen Fernbereich unterteilen. Während der Nahverkehr ausschließlich mittels Lkw abgewickelt wird, findet man im Fernbereich eine Vielzahl an Verkehrsträgern. Tabelle 15 enthält eine Übersicht über den Güterverkehr 1997 in Deutschland.

Verkehrsträger	beförderte Gütermenge in Millionen Tonnen	Beförderungsleistung in Milliarden Tonnenkilometern (1)
Eisenbahnverkehr	316,8	72,8
Binnenschiffahrt	233,2	63,0
Straßengüterverkehr (2)	872,3	232,5
Luftfrachtverkehr	2,0	0,5
Mineralölfernleitungen	87,4	13,3
gesamter Güterfernverkehr	1511,7	382,2
Straßengüternahverkehr	2346,7	67,8
gesamter Güterverkehr	3858,4	450,0

Erläuterungen: (1) Beförderungsleistung = Produkt aus Gütermenge und Transportweite,
(2) Güterkraftverkehr außerhalb eines Umkreises von 75 km

Tab. 15: Modal split des Güterverkehrs in Deutschland 1997 (Quelle: ifo 1998)

Analog zum Personenverkehr wird auch der größte Teil des Güterverkehrs über die Straße abgewickelt. Straßengüternah- und -fernverkehr machen zusammen 2/3 der gesamten Beförderungsleistung aus. Mit Eisenbahn und Binnenschiff werden 16 bzw. 14 % der Beförderungsleistung erbracht. Der Pipelinetransport hat am gesamten Güterverkehr zwar nur einen geringen Anteil, ist für die Rohstoffversorgung des Mineralölsektors aber von großer Bedeutung. Menge und Abwicklung des Güterverkehrs haben sich in den vergangenen Jahren sehr geändert, wobei wiederum Parallelen zum Personenverkehr festzustellen sind. Im Jahr 1980 belief sich die Verkehrsleistung auf 339,6 Mrd. Tonnenkilometer, zu denen der Straßenverkehr ca. 43 % beitrug. Während der damalige Anteil der Binnenschiffahrt nur geringfügig über dem von heute lag, erreichte die Eisenbahn 1980 noch über 35 %. Beim Fernverkehr hat also eine starke Verlagerung von der Schiene zur Straße stattgefunden. Die Eisenbahn erbrachte 1997 nur noch 60 % der Beförderungsleistung von 1980, wogegen der Straßengüterfernverkehr eine Steigerung um 160 % erfahren hat.

Im nächsten Schritt wird jetzt untersucht, wieviel Energie die verschiedenen Verkehrsträger zur Bereitstellung ihrer jeweiligen Transportleistungen benötigen. Generell ist die Effizienz des Endenergieeinsatzes im Verkehrssektor sehr gering. Lediglich 18 % der verbrauchten Endenergie stehen auch tatsächlich als Nutzenergie zur Verfügung. Im gesamtwirtschaftlichen Durchschnitt liegt diese Quote bei 47 %.[26] Entscheidend für diese niedrige Energieeffizienz ist natürlich der oben geschilderte modal split und insbesondere die dominierende Rolle des

[26] Vgl. Bundesumweltministerium (1994).

Straßenverkehrs und die schlechte Energieausnutzung der Verbrennungsmotoren. Darüber hinaus belasten die zahlreichen Staus, in denen zwar Energie verbraucht, aber keine Beförderungsleistungen erbracht werden, die Energieeffizienzbilanz. In der folgenden Tabelle wird daher der Energieverbrauch des Verkehrssektors weiter aufgeschlüsselt.

Verkehrsbereich	Endenergieverbrauch (PJ)	Anteil (%)
Straßenverkehr		
• Individualverkehr	1588	61,15
• Öffentlicher Personenverkehr	43	1,66
• Güterverkehr	628	24,18
Schienenverkehr	89	3,43
Luftverkehr	218	8,39
Binnenschiffahrt	31	1,19
Σ	2597	100,00

Tab. 16: Endenergieverbrauch der verschiedenen Verkehrsbereiche in Deutschland 1993 (Quellen: Schiffer 1997, eigene Berechnungen)

Aufgrund der unterschiedlichen Bezugsgrößen (Personen- bzw. Tonnenkilometer) ist es nicht möglich, die Anteile der Verkehrsbereiche an der gesamten Beförderungsleistung zu bestimmen und mit denen am Energieverbrauch zu vergleichen. Trotzdem lassen sich einige Schlußfolgerungen ziehen. Mit einem Anteil von 87 % am Endenergieverbrauch des Verkehrssektors hat der Straßenverkehr eine dominierende Stellung. Der motorisierte Individualverkehr alleine trägt bereits 61 % zum Gesamtverbrauch bei. Damit verbraucht er das 37-fache des Öffentlichen Personenstraßenverkehrs, obwohl er lediglich die 10-fache Beförderungsleistung erbringt.[27] Der spezifische Energieverbrauch des motorisierten Individualverkehrs beläuft sich auf 2,12 PJ / Mrd. Personenkilometer, der des öffentlichen Personenstraßenverkehrs auf 0,57 PJ / Mrd. Personenkilometer. Zum Schienen- und Luftverkehr lassen sich auf dieser Aggregationsebene kaum Aussagen treffen, da beide Bereiche sowohl Personen-, als auch Güterverkehr enthalten. Es fällt aber auf, daß der Luftverkehr nur zu 3 % an der Beförderungsleistung des Personenverkehrs und nur zu 0,1 % an der des Güterverkehrs beteiligt ist, jedoch über 8 % des Energieverbrauchs auf sich vereint. Umgekehrt ist der Anteil des Eisenbahnverkehrs am Personenverkehr 7 % und am Güterverkehr 16 %, am Energieverbrauch aber nur gut 3 %. Bei allen Abgrenzungsproblemen besteht kein Zweifel, daß der Hauptenergieverbraucher im Güterverkehr der Straßenverkehr ist. Der Straßengüterverkehr verbraucht im Vergleich mit der nur dem Gütertransport dienenden Binnenschiffahrt 20 mal so viel Energie bei einer knapp 5 mal so großen Beförderungsleistung.

[27] Vgl. Tabelle 14.

An dieser Stelle läßt sich bereits festhalten, daß die spezifischen Energieverbräuche des motorisierten Individualverkehrs und des Güterstraßenverkehrs die der anderen Verkehrsbereiche (ohne Luftverkehr) übersteigen. Trotz der Energieeffizienzvorteile des Öffentlichen Personennahverkehrs, des Schienenverkehrs und der Binnenschiffahrt muß die Energieeffizienzpolitik berücksichtigen, daß eine Umgestaltung des modal split nur nach diesem Kriterium nicht möglich ist. So gibt es z.B. im Güternahverkehr zur Zeit noch keine Alternative zum Lkw-Transport. Schienen- und Wasserstraßennetze sind erheblich grobmaschiger als das Straßennetz.[28] Darüber hinaus sind Pkw und Lkw bedeutend flexibler einzusetzen als die anderen Verkehrsmittel.

Wie aus Tabelle 16 zu ersehen ist, besitzt der motorisierte Individualverkehr eine überragende Bedeutung für den Energieverbrauch. Er soll daher etwas näher betrachtet werden. Der motorisierte Individualverkehr besteht fast ausschließlich aus Verkehrsleistungen, die mittels Pkw erbracht werden. Die Attraktivität des Pkw läßt sich auf viele Ursachen zurückführen: Nutzung durch eine variable Anzahl von Personen, mehrere hundert Liter Gepäckraum, einsetzbar für Strecken von wenigen Metern bis zu mehreren Tausend Kilometern, quasi jedes gewünschte Ziel kann direkt angesteuert werden, relativ witterungsunabhängig, ermöglicht Reisen ohne die Privatsphäre zu verlassen, kann als Statussymbol eingesetzt werden etc. etc.. Tabelle 17 enthält einige zentrale Kenngrößen des Pkw-Verkehrs in Deutschland.

Kenngröße	
Pkw-Bestand • Benzin • Diesel	41,5 Mio. Pkw • 35,7 Mio. Pkw • 5,8 Mio. Pkw
Pkw-Dichte	506 Pkw / 1000 Einwohner bzw. 625 Pkw / 1000 Einwohner im fahrfähigen Alter über 18 Jahre
Jahresfahrleistung • Benzin-Pkw • Diesel-Pkw	 12.000 km / Jahr 16.700 km / Jahr
Spezifischer Kraftstoffverbrauch • Benzin-Pkw • Diesel-Pkw	 8,9 l / 100 km 7,4 l / 100 km
Gesamtfahrleistung	525,26 Mrd. Pkw-Kilometer

Tab. 17: Daten zum Pkw-Verkehr in Deutschland 1997 (Quellen: ESSO 1997, ifo 1998)

Vergleicht man diese Werte mit denen anderer Länder, so zeigt sich, daß Deutschland ein relativ hoch motorisiertes Land ist. Lediglich die USA mit ca. 560 und Italien mit ca. 520 Pkw je 1000 Einwohner weisen eine höhere Kraftfahrzeugdichte auf. Der Pkw-Bestand hat in den vergangenen Jahren eine rapide

[28] Länge des Straßennetzes: 642.000 km, Schienennetz: 48.000 km, Wasserstraßen: 7.300 km (Stand 1995, Statistisches Bundesamt (1997a)).

Zunahme erfahren. So gab es in ganz Deutschland 1970 erst 15,1 Mio. Pkw, 1980 waren es bereits 25,9 Mio. und 1990 35,3 Mio.[29]

Aber nicht nur die Anzahl hat sich geändert, sondern auch die Zusammensetzung des Pkw-Bestandes. Der Trend ging zu immer größeren, schwereren und leistungsstärkeren Fahrzeugen. 1973 besaßen noch 50 % der neuzugelassenen Pkw einen Hubraum unter 1500 cm^3, 1995 nur noch ca. 30 %.[30] Dieser Trend hat dazu geführt, daß sich die Energieeffizienz der Pkw-Flotte nur geringfügig verbessert hat. Der durchschnittliche Verbrauch (Benzin und Diesel) ist im Zeitraum 1973 bis 1997 von 10,7 l / 100 km auf 8,8 l / 100 km zurückgegangen, d.h. um lediglich 18 % innerhalb von 24 Jahren. Die ESSO AG beziffert die Verbesserung der Energieeffizienz für den Zeitraum 1971 bis 1996 bei Benzin-Pkw auf 0,7 % p. a. und bei Diesel-Pkw auf 1,1 % p. a.[31]

Neben dem spezifischen Verbrauch, ausgedrückt in l / 100 km, muß auch berücksichtigt werden, ob mit Hilfe dieser Energie nur eine Person oder vielleicht fünf Personen 100 km weit befördert werden. Setzt man die in Tabelle 17 angegebene Gesamtfahrleistung und die in Tabelle 14 angegebene Beförderungsleistung zueinander ins Verhältnis, so ergibt sich eine durchschnittliche Belegung von 1,4 Personen.

Nach dem motorisierten Individualverkehr soll nun ein kurzer Blick auf den Energieverbrauch des Güterverkehrs geworfen werden. Dieser wird, wie aus Tabelle 16 zu entnehmen ist, eindeutig vom Straßengüterverkehr dominiert.

Wie ist es hier um die Energieeffizienz der verschiedenen Verkehrsträger bestellt? Nach einer Untersuchung der Universität Heidelberg [32] betrug der spezifische Energieverbrauch des Straßengüterverkehrs 1990 2,48 PJ / Mrd. Tonnenkilometer. Damit ist die Energieeffizienz gegenüber 1960 um lediglich 13 % gestiegen. Die Entwicklung der Energieeffizienz wurde positiv beeinflußt durch den Rückgang des Werk- und die Zunahme des Fernverkehrs, sowie technische Verbesserungen. Negativ habe sich die Einführung der Just-in-time-Produktion ausgewirkt. Der Schienengüterverkehr weist dagegen einen deutlich niedrigeren spezifischen Energieverbrauch auf, nämlich 0,52 PJ / Mrd. Tonnenkilometer. Zwischen 1960 und 1990 ist die Energieeffizienz um 73 % gestiegen. Begründet wird dies mit dem Einsatz moderner Loks, einer größeren durchschnittlichen Transportdistanz und einer Reduzierung der Rangierfahrten. Den niedrigsten spezifischen Energieverbrauch aller Verkehrsträger besitzt die Binnenschiffahrt mit 0,47 PJ / Mrd. Tonnenkilometer. Hier hat sich die Energieeffizienz seit 1960 um 50 % erhöht. Als Ursachen werden die Modernisierung der Flotte, der Ausbau der Wasserstraßen und eine gestiegene Kapazitätsauslastung genannt. Es

[29] Vgl. BP (1996).
[30] Vgl. Schiffer (1997).
[31] Vgl. ESSO (1997).
[32] Vgl. Blick durch die Wirtschaft (1997).

bleibt festzuhalten, daß beim Güterverkehr der spezifische Energieverbrauch des Schienenverkehrs und der Binnenschiffahrt nur ungefähr 1/5 dessen beträgt, was beim Straßenverkehr verbraucht wird.

Bevor zum Ende dieses Kapitels ein Blick auf die zukünftige Entwicklung des Verkehrssektors und des damit verbundenen Energieverbrauchs geworfen wird, sollen noch kurz zwei Punkte angesprochen werden:

- Binnenschiffahrt, Schienen- und Straßenverkehr benötigen für ihre Transportleistungen eine entsprechende Netzinfrastruktur. Wie bereits erwähnt, beruht die Dominanz des Pkw- und Lkw-Verkehrs auch auf der Dichte des Straßennetzes. Im aktuellen, bis zum Jahr 2012 reichenden Bundesverkehrswegeplan übersteigen die geplanten Investitionen in das Eisenbahnschienennetz erstmals die für das Bundesfernstraßennetz. Insgesamt sollen ca. 54 % der geplanten Investitionen von gut 450 Mrd. DM in die Netze von Schienenverkehr und Binnenschiffahrt fließen.
- Alle bisherigen Angaben bezogen sich immer nur auf den Kraftstoffverbrauch während der Nutzung des Verkehrsmittels. Dieser ist jedoch nur ein Teil des gesamten kumulierten Energieaufwandes der im Zuge der Herstellung, Nutzung und Entsorgung eines Fahrzeugs auffällt. So ist eine Studie der TU München zur ganzheitlichen Bilanzierung des Energieverbrauchs von Pkw zu dem Ergebnis gekommen, daß mit einem Mittelklasse-Pkw mit einer zehnjährigen Nutzungsdauer insgesamt ein Energieaufwand von 637 GJ verknüpft ist. Hiervon entfallen 61 % auf den Kraftstoffverbrauch, 11 % auf die Bereitstellung des Kraftstoffs, 8 % auf die Instandhaltung des Fahrzeugs, 7 % auf die Bereitstellung der Verkehrsinfrastruktur und 13 % auf die Herstellung des Fahrzeugs. Die Entsorgung geschieht quasi energieaufwandsneutral.[33]

Für die Zukunft ist sowohl beim Personen-, als auch beim Güterverkehr mit einer weiteren Zunahme der Beförderungsleistung zu rechnen. Hauptgrund ist das Wachstum des grenzüberschreitenden Verkehrs im Zuge der weiteren Entwicklung des europäischen Binnenmarktes und der Öffnung der EU nach Osteuropa. Die folgende Tabelle enthält die Prognosen im Rahmen des Bundesverkehrswegeplans für das Jahr 2010.

[33]Vgl. Ebersperger u.a. (1998).

	Beförderungsleistung in Mrd. Personen- bzw. Tonnenkilometer	Veränderung gegenüber 1997 (%)
Personenverkehr		
• motorisierter Individualverkehr	885,4	+ 18,4
• Öffentlicher Straßenpersonenverkehr	95,7	+ 26,4
• Eisenbahnverkehr	73,6	+ 14,1
• Luftverkehr	33,0	+ 17,9
Güterverkehr		
• Straßengüterfernverkehr	257,2	+ 10,6
• Eisenbahnverkehr	177,3	+ 143,5
• Binnenschiffahrt	114,1	+ 81,1

Tab. 18: Prognose der Beförderungsleistungen im Personen- und Güterverkehr für das Jahr 2010 nach Bundesverkehrswegeplan (Quelle: Bundesumweltministerium 1994)

Im Bereich des Personenverkehrs bleibt die Dominanz des motorisierten Individualverkehrs unangetastet. Sein Anteil wird auch im Jahr 2010 noch über 80 % des Personenverkehrsaufkommens ausmachen. Anders im Güterverkehr: Hier weisen Eisenbahnverkehr und Binnenschiffahrt deutlich höhere Wachstumsraten auf als der Straßenverkehr und werden im Jahr 2010 zusammen ein größeres Transportvolumen abwickeln als der Lkw-Verkehr.
Wie wird sich der verkehrsbedingte Energieverbrauch entwickeln?
Tabelle 19 enthält die Prognose der prognos AG für den Endenergieverbrauch des Verkehrs-sektors im Jahr 2020.

Verkehrsbereich	Endenergieverbrauch (PJ)	Anteil (%)	Veränderung gegenüber 1993 (vgl. Tab. 16) in %
Straßenverkehr	2433	83,64	+ 7,7
Schienenverkehr	102	3,51	+ 14,6
Luftverkehr	313	10,76	+ 43,6
Binnenschiffahrt	61	2,10	+ 96,8
Σ	2909	100,00	+ 12,0

Tab. 19: Endenergieverbrauch des Verkehrssektors im Jahr 2020 - Prognose der prognos AG (Quellen: prognos 1996, eigene Berechnungen)

Hinter der Verbrauchsentwicklung des Straßenverkehrs verbergen sich zwei gegenläufige Trends: Von 1992 bis 2020 sinkt der Endenergieverbrauch des Straßenpersonenverkehrs um 11 %, während der des Straßengüterverkehrs um 51 % ansteigt.

Für seine Ergebnisse hat prognos die folgenden Teilprognosen verwendet:

- Pkw-Bestand 2020: 50 Mio. Fahrzeuge
- durchschnittliche Jahresfahrleistung 2020: Benzin-Pkw 12.500 km, Diesel-Pkw: 15.000 km

- spezifischer Kraftstoffverbrauch 2020: Benzin-Pkw 6,5 l / 100 km, Diesel-Pkw: 5,6 l / 100 km
- Verdoppelung der Verkehrsleistungen im Straßengüterverkehr und Luftverkehr von 1994 bis 2020
- Von 1994 bis 2020 steigt die Beförderungsleistung im Schienenpersonenverkehr um 25 % und im Schienengüterverkehr um 100 %

Die ESSO AG[34] erwartet für das Jahr 2020 einen Endenergieverbrauch im Verkehrssektor in Höhe von 2227 PJ. Dies würde im Gegensatz zur prognos-Vorhersage bedeuten, daß sich der Endenergieverbrauch nicht erhöht, sondern im Vergleich zu 1993 um 14 % reduziert. ESSO geht aufgrund von Sättigungstendenzen bei der Pkw-Dichte für das Jahr 2020 von einem Pkw-Bestand von 45,5 Mio. Fahrzeugen aus. Auch beim spezifischen Kraftstoffverbrauch und der Jahresfahrleistung ist ESSO optimistischer (bzw. aus ihrer Sicht wahrscheinlich pessimistischer) als prognos: Erwartet werden Durchschnittsverbräuche von 6,2 l / 100 km bei Benzin- bzw. 4,3 l / 100 km bei Diesel-Pkw und Jahresfahrleistungen von 11.800 km bei Benzin- bzw. 14.500 km bei Diesel-Pkw.

2.3.4 Der Endenergieverbrauch im Haushaltssektor

Der Endenergieverbrauch des Haushaltssektors belief sich 1996 auf 2934 PJ. Er hat sich seit der Wiedervereinigung besonders dynamisch entwickelt und lag 1996 um 23 % über dem Niveau den 1990. Mit einem Anteil von gut 30 % ist der Haushaltssektor der größte Verbrauchsbereich in Deutschland. Diese Position hat der Sektor erst seit 1993 inne. Da der mit der Nachfrage nach Mobilität verbundene Energieverbrauch gesondert im Verkehrssektor bilanziert wird, umfaßt der Haushaltssektor grob gesagt den Energieverbrauch, der im räumlichen Zusammenhang mit den Wohnungen der Haushalte entsteht. Hierzu gehört der Energiebedarf für die Bereitstellung von Raumwärme und Prozeßwärme (Kochen und Backen), die Warmwasserbereitung, die Bereitstellung von mechanischer Energie (Haushaltsgeräte, Informations-, Unterhaltungs- und Telekommunikationstechnik) und für Beleuchtung.

Höhe und Struktur des Endenergieverbrauchs des Haushaltssektors werden maßgeblich durch die folgenden vier Faktoren determiniert:

- Demographie
- Wohnungssituation
- Ausstattung mit Haushalts- und sonstigen Geräten
- Verhalten.

[34] Vgl. ESSO (1997).

Am Jahresende 1996 lebten in Deutschland 82 Mio. Menschen in 37,281 Mio. Haushalten. Dies ergibt eine durchschnittliche Haushaltsgröße von 2,2 Personen. Im Bereich der privaten Haushalte hat es in den vergangenen Jahren und Jahrzehnten erhebliche Strukturverschiebungen gegeben (vgl. Tabelle 20).

Jahr	Bevölkerung (Mio.)	Haushalte (Mio.)	davon Haushalte mit ... Personen (%)				Personen je Haushalt
			1	2	3 und 4	5 und mehr	
1950	49,850	16,650	19,4	25,3	39,2	16,1	2,99
1970	60,176	21,991	25,1	27,1	34,9	12,9	2,74
1980	61,481	24,811	30,2	28,7	32,3	8,8	2,48
1991	80,152	35,256	33,6	30,8	30,5	5,1	2,27
1996	82,069	37,281	35,4	32,3	27,7	4,6	2,20

Tab. 20: Entwicklung der Struktur der privaten Haushalte in Deutschland (bis 1980 alte Bundesländer, ab 1991 Deutschland) (Quelle: Bundesbauministerium 1998)

1996 bestanden 2/3 aller bundesdeutschen Haushalte aus ein oder zwei Personen. Der Single-Haushalt ist die häufigste Haushaltsform in Deutschland. Es besteht generell ein Trend zu immer kleineren Haushaltsgrößen, der auf folgende Ursachen zurückzuführen ist: Rückgang der Drei-Generationen-Haushalte, sinkende Kinderzahl pro Haushalt, Zunahme der Scheidungsraten, geringere Verweildauer der Kinder im Elternhaus, gestiegene Differenz in der Lebenserwartung von Frauen und Männern. Diese Entwicklung hat dazu geführt, daß die Zahl der Haushalte deutlich stärker gewachsen ist als die Bevölkerung. Diese Trends wirken sich natürlich erhöhend auf den Energieverbrauch des Haushaltssektors aus, da bestimmte Merkmale, z.B. die Zahl der Wohnungen, eher von der Anzahl der Haushalte als der Größe der Bevölkerung abhängen.

Ein weiterer demographischer Trend, der tendenziell zu einem höheren Energieverbrauch führt, ist die "Veralterung" der Gesellschaft durch eine zunehmende Lebenserwartung und abnehmende Geburtenzahlen.

Wie wohnen die Deutschen? Ende 1995 gab es in Deutschland 35,954 Mio. Wohnungen. Die folgende Tabelle enthält einige Merkmale der Wohnungsversorgung in West- und Ostdeutschland.

Merkmal	Alte Bundesländer	Neue Bundesländer	Deutschland
Wohnfläche je Wohnung (m^2)	87,0	69,7	83,6
Wohnfläche je Einwohner (m^2)	37,9	31,8	36,7
Räume je Wohnung	4,4	4,0	4,4

Tab. 21: Wohnungsversorgung in West- und Ostdeutschland 1995 (Quelle: Bundesbauministerium 1998)

Mit diesen Werten belegt Deutschland im europäischen Vergleich einen Spitzenplatz. Die deutlich geringeren Werte in den neuen Bundesländern sind eine Folge der Wohnungsbaupolitik der ehemaligen DDR, die anders ausgerichtet war als im Westen. Seit der Wiedervereinigung ist eine Angleichung an das westliche Niveau zu beobachten. Die o. g. Merkmale sind natürlich von großer Bedeutung für den Energieverbrauch. So ist die Größe einer Wohnung mit entscheidend für den Raumwärmebedarf und die Anzahl der Räume für den Verbrauch für Beleuchtungszwecke.

Für den Raumwärmebedarf spielt es auch eine Rolle, ob sich die Wohnungen in Ein- oder Mehrfamilienhäusern befinden. In einem Mehrparteienhaus mit drei Wohnungen wird weniger Heizenergie benötigt als in drei Einfamilienhäusern mit der gleichen Wohnfläche.[35] In Deutschland sind 27,5 % aller Wohnungen in Gebäuden mit nur einer Wohnung, 18,4 % in solchen mit zwei Wohnungen und 54,1 % in solchen mit drei oder mehr Wohnungen.

Ein weiteres für den Energieverbrauch relevantes Merkmal ist die Altersstruktur des Wohnungsbestandes. Tabelle 22 enthält eine Übersicht.

Baujahr	Anzahl Wohnungen (Mio.)	Anteil (%)
bis 1900	3,662	10,9
1901 - 1918	2,857	8,5
1919 - 1948	4,865	14,4
1949 - 1968	10,770	31,9
1969 - 1978	6,057	18,0
1979 - 1987	3,943	11,7
ab 1988	1,583	4,7
Σ	33,737	100,0

Tab. 22: Altersstruktur des Wohnungsbestandes 1993 (Quelle: Bundesbauministerium 1998)

Wie man sieht, stammen ungefähr 2/3 der Wohnungen aus der Zeit nach 1948. Allerdings gibt es hier große Unterschiede zwischen West- und Ostdeutschland. Während in den alten Bundesländern ca. 70 % aller Wohnungen nach 1948 errichtet wurden, sind es in den neuen lediglich 50 %. Damit ist der Wohnungsbestand in Westdeutschland zwar relativ jung, aber trotzdem sind weniger als 20 % der Wohnungen nach dem Inkrafttreten der ersten Wärmeschutzverordnung 1978 gebaut worden.

Als letztes soll die Beheizungsstruktur analysiert werden. Diese läßt sich nach der Art des Heizungssystems und nach den verwendeten Brennstoffen differenzieren (vgl. Tabellen 23 bis 25).

---

[35] Darüber hinaus führt das Entstehen von Einfamilienhaussiedlungen an den Stadträndern im Vergleich zu einer mehr verdichteten Bebauung zu einem höheren Verkehrsaufkommen, insbesondere beim motorisierten Individualverkehr, und so zu einem höheren Energieverbrauch im Verkehrssektor.

Beheizungsart	Deutschland		alte Bundesländer		neue Bundesländer	
	Anzahl (Mio.)	Anteil (%)	Anzahl (Mio.)	Anteil (%)	Anzahl (Mio.)	Anteil (%)
Fernheizung	3,144	9,7	1,517	5,8	1,627	26,6
Block-/Zentralheizung	19,097	59,2	17,642	67,5	1,455	23,8
Etagenheizung	2,873	8,9	2,459	9,4	0,414	6,8
Einzel-/Mehrraumöfen	5,766	17,9	3,222	12,3	2,544	41,6
Elektrospeicherheizung	1,371	4,3	1,291	4,9	0,080	1,3
Σ	32,251	100,0	26,131	100,0	6,120	100,0

Tab. 23: Bewohnte Wohnungen in Wohngebäuden nach Beheizungsart 1993 (Quelle: Statistisches Bundesamt 1997a)

Auch bei der Beheizungsart gibt es erhebliche Unterschiede zwischen West- und Ostdeutschland. In den alten Bundesländern und dadurch auch in ganz Deutschland dominieren Zentralheizungssysteme. Mit diesen sind in den neuen Bundesländern jedoch nur knapp ein Viertel der Wohnungen ausgestattet. Hier führen Einzel- und Mehrraumöfen und die Fernwärme die Liste an. Langfristig werden sich sicherlich die Zentralheizungssysteme in ganz Deutschland durchsetzen. Welchen Effekt dies auf den Energieverbrauch haben wird, ist schwer vorherzusagen, da Zentralheizungen zwar eine höhere technische Effizienz als Einzel- bzw. Mehrraumöfen aufweisen, durch den höheren Bedienungskomfort aber auch das Nutzerverhalten in Richtung eines höheren Heizenergieverbrauchs beeinflussen können.

Brennstoff	Deutschland (Anteile in %)	alte Bundesländer (Anteile in %)	neue Bundesländer (Anteile in %)
Block-/Zentralheizung	100,0	100,0	100,0
• Gas	42,1	42,2	41,5
• Heizöl	52,9	54,7	31,4
• Strom	1,3	1,3	0,6
• Kohle, Koks, Briketts	2,8	0,9	26,3
• Holz etc.	0,9	0,9	0,2
Etagenheizung	100,0	100,0	100,0
• Gas	82,8	88,5	49,0
• Heizöl	5,1	5,5	2,7
• Strom	4,7	4,9	3,8
• Kohle, Koks, Briketts	7,2	0,9	44,4
• Holz etc.	0,2	0,2	0,1
Einzel-/Mehrraumöfen	100,0	100,0	100,0
• Gas	23,7	27,9	18,4
• Heizöl	18,8	31,3	3,0
• Strom	10,2	13,4	6,1
• Kohle, Koks, Briketts	44,1	21,9	72,2
• Holz etc.	3,2	5,6	0,3

Tab. 24: Bewohnte Wohnungen in Wohngebäuden nach Heizungsart und verwendeter Energie 1993 (Quelle: Statistisches Bundesamt 1997a)

Die meisten Zentralheizungen in Deutschland werden zur Zeit noch mit Heizöl gefeuert, für die Zukunft ist aber mit Gas als vorherrschendem Energieträger zu rechnen. Dies zeigt sich bereits in den neuen Bundesländern, wo die in den letzten Jahren in Betrieb genommenen Zentralheizungen vorwiegend mit Gas gefeuert werden. Bei den Etagenheizungen dominiert eindeutig Gas, dies wird sich in den nächsten Jahren noch verstärken, wenn die kohlegefeuerten Etagenheizungen in Ostdeutschland umgestellt werden. Insgesamt ergibt sich die folgende Beheizungsstruktur:

Diese Beheizungsstruktur schafft relativ günstige Voraussetzungen für eine energieeffiziente Gestaltung des Raumwärmemarktes. Im Bereich der Zentralheizungssysteme werden die zur Zeit höchsten Wirkungsgrade mittels gasgefeuerter Brennwertkessel realisiert, so daß der in Zukunft noch wachsende Gasanteil tendenziell effizienzsteigernd wirkt. Auf Brennwerttechnik basierende Ölheizungen erreichen ebenfalls sehr hohe Wirkungsgrade. Der unter Effizienzgesichtspunkten unvorteilhafte Einsatz von Kohle im Raumwärmebereich wird durch den Austausch kohlegefeuerter Heizungsanlagen und Öfen, insbesondere in Ostdeutschland, zurückgehen. Die Effizienz der Bereitstellung von Raumwärme durch Fernzheizungssysteme wird ebenfalls noch steigen, da in diesem Sektor vermehrt Kraft-Wärme-Kopplungsanlagen statt reiner Heizwerke eingesetzt werden.

Energieträger	Deutschland (%)	alte Bundesländer (%)	neue Bundesländer (%)	Heizungen in Neubauwohnungen in Deutschland 1996 (%)
Gas	39	41	33	72
Heizöl	34	39	11	17
Strom	6	7	3	1
Kohle	9	5	25	-
Fernwärme	12	8	28	10

Tab. 25: Beheizungsstruktur des Wohnungsbestandes und der Wohnungsneubauten in Deutschland 1996 (Quelle: Schiffer 1997)

Tabelle 26 zeigt für die 1996 modernisierten Heizungsanlagen die alten und neuen Anteile der verschiedenen Brennstoffe.

Brennstoff	Anteil vor Modernisierung (%)	Anteil nach Modernisierung (%)
Kohle	31	-
Strom, Fernwärme	2	4
Heizöl	34	31
Gas	33	65

Tab. 26: Heizungsmodernisierung in Deutschland 1996 (Quelle: Schiffer 1997)

Neben der Demographie und der Wohnungssituation ist die Ausstattung mit Haushalts- und sonstigen Geräten ein weiterer Faktor, der den Endenergieverbrauch des Haushaltssektors beeinflußt. Speziell geht es hier dann natürlich um die Nachfrage nach Elektrizität. Tabelle 27 zeigt den Ausstattungsgrad der Haushalte für die wichtigsten Elektrogeräte.

Gerät	Anteil der Haushalte, die das Gerät besitzen (%) in		
	Deutschland	alte Bundesländer	neue Bundesländer
Elektroherd	83	90	61
Kühlschrank	99	99	99
Gefriergerät	78	77	79
Geschirrspüler	38	44	15
Mikrowellengerät	46	49	36
Dunstabzugshaube	53	58	39
Toaster	-	94	80
Küchenmaschine	-	93	88
Waschmaschine	93	93	94
Wäschetrockner	30	34	15
Bügelgeräte	98	98	97
Staubsauger	98	98	98
Farbfernseher	97	97	98
Videorecorder	56	57	52
Stereoanlage	65	68	55
PC	25	26	20
Anrufbeantworter	21	23	16

Tab. 27: Ausstattung der Haushalte mit Elektrogeräten 1996 (Quellen: VDEW 1997, HEA 1997)

Bei einigen Geräten, wie z.B. Kühlschrank, Waschmaschine und Fernseher, ist bereits ein sehr hoher Sättigungsgrad nahe 100 % erreicht. Ein großer Teil der neugekauften Geräte dient hier dem Ersatz von Altgeräten und trägt durch den niedrigeren spezifischen Stromverbrauch tendenziell zu einer Senkung der Endenergienachfrage bei. Allerdings haben Untersuchungen gezeigt, daß die Altgeräte oftmals nicht ausgemustert, sondern als Zweit- oder Drittgerät weiterhin im Haushalt eingesetzt werden.[36] Auf diesem Wege trägt die Modernisierung des Gerätebestandes paradoxerweise zu einer Erhöhung des Energieverbrauchs bei.

Wachstumspotential bei der Ausstattung der Haushalte, insbesondere in den neuen Bundesländern, besteht noch bei Geschirrspülern, Mikrowellengeräten und Wäschetrocknern, die im Schnitt noch nicht in jedem zweiten Haushalt vorhanden sind. Die im Bereich der Hausarbeit zu beobachtende Substitution von Arbeit (Spülen per Hand, Kochen am Herd, Wäschetrocknen auf der Leine) durch Kapital und Energie wird zu einer Zunahme der Sättigung bei diesen Geräten und damit zu einem Anstieg des Stromverbrauchs führen. Die prozentual höchsten

[36] Gemäß einer Studie der Gesellschaft für Konsumforschung (GfK) verbleiben z.B. 43 % aller ersetzten Fernseher und 64 % der Videorekorder in den Haushalten (vgl. FAZ v. 5.2.1998).

Anstiege werden bei der Kommunikations-, Informations- und Sicherheitstechnik erwartet. Die Ausstattung der Haushalte mit schnurlosen und Mobiltelefonen, PC´s und entsprechenden Peripheriegeräten, aber auch Alarmanlagen wird stark wachsen.

Der letzte der zu Beginn des Kapitels genannten Faktoren ist das Verhalten der Haushaltsbewohner. Hier gibt es sowohl energieverbrauchserhöhende, als auch -senkende Tendenzen, so daß es schwerfällt, eine Per-Saldo-Entwicklungsrichtung anzugeben. Energieverbrauchssenkend wirken sich z.B. die Benutzung von Sparprogrammen bei Waschmaschinen und Geschirrspülern aus. Bei der Anschaffung von Elektrogeräten oder Heizungsanlagen ist der Energieverbrauch häufig ein entscheidendes Kriterium. Auf der anderen Seite haben Befragungen ergeben, daß in den Haushalten viele Geräte immer häufiger genutzt werden, so erhöht sich die durchschnittliche Laufzeit der Fernsehgeräte jedes Jahr. Die VDEW prognostiziert, daß durch das Verhalten der Haushalte ein leichter Anstieg des Stromverbrauchs zu erwarten ist.[37]

Im Anschluß an die beeinflussenden Faktoren soll nun der Energieverbrauch selbst untersucht werden. Die Struktur des Endenergieverbrauchs im Haushaltssektor ist in Tabelle 28 dargestellt.

Anwendungsbereich	Verbrauch (PJ)	Anteil (%)
Raumwärme	1665	76,6
Warmwasser	261	12,0
Sonstige Prozeßwärme	85	3,9
Mechanische Energie	129	5,9
Beleuchtung	35	1,6
Σ	2175	100,00

Tab. 28: Struktur des Endenergieverbrauchs im Haushaltssektor 1993 (Quelle: Schiffer 1997)

Der Endenergieverbrauch der privaten Haushalte ist eindeutig raumwärmedominiert, mehr als 3/4 der im Haushaltssektor eingesetzten Endenergie wird für diesen Anwendungsbereich eingesetzt. Setzt man den in der Tabelle angegebenen Energieverbrauch von 1665 PJ in Relation zur Gesamtwohnfläche aller Wohnungen in Deutschland, so ergibt sich ein durchschnittlicher Verbrauch von ca. 170 kWh / $m^2 \cdot a$. Dies entspricht einem Verbrauch von 17 m^3 Erdgas bzw. 17 l Heizöl pro m^2 und Jahr.

Im Raumwärmebereich haben in den vergangenen Jahren bereits erhebliche Effizienzsteigerungen stattgefunden. So lag der spezifische Ölverbrauch in l / m^2 bei Ein- und Zweifamilienhäusern in Westdeutschland 1995 temperaturbereinigt um

[37] Vgl. Borch, Nickel (1998).

40 % unter dem Niveau von 1970.[38] Neubauten, die dem Niedrigenergiehausstandard entsprechen, verbrauchen allerdings nur noch 30 bis 80 kWh je Quadratmeter Wohnfläche und Jahr. Das Passivhaus, als künftige Weiterentwicklung des Niedrigenergiehauses kommt sogar mit maximal 15 kWh / $m^2 \cdot a$ aus. Aufgrund der Bedeutung des Gebäudebestandes muß es eine Hauptaufgabe der Energieeffizienzpolitik sein, den Energieverbrauch bei Altbauten zu reduzieren. Sinnvoll ist hier eine Koppelung wärmetechnischer Modernisierungsmaßnahmen an ohnehin regelmäßig notwendige Instandhaltungsarbeiten.

Auch bei den Elektrogeräten hat es in der Vergangenheit bereits relativ große Effizienzsteigerungen gegeben. So sank zwischen 1978 und 1994 der spezifische Stromverbrauch von Geschirrspülern um 45 %, Gefriergeräten um 42 %, Waschmaschinen um 40 %, Kühl-schränken um 39 % und Elektroherden um 23 %.[39] Allerdings machen nach Angaben des Umweltbundesamtes alleine die Leerlaufverluste von Elektrogeräten im Stand-by-Betrieb rund 11 % des Haushaltsstromverbrauches aus.[40] Betrachtet man das Verhältnis zwischen Endenergieeinsatz und Nutzenergiebereitstellung, so ergibt sich für den Haushaltssektor eine Endenergieeffizienz von 65,2 %. Dies ist der höchste Wert aller Verbrauchssektoren und übersteigt den volkswirtschaftlichen Durchschnitt um 18 Prozentpunkte. Zurückzuführen ist dieses relativ gute Ergebnis insbesondere auf die Effizienz der Raumwärmebereitstellung in Höhe von 73 %. Die entsprechenden Werte liegen für die Bereitstellung von Prozeßwärme bei 46 % und von mechanischer Energie und Licht bei 36 %.

Wie bei den anderen Verbrauchssektoren soll auch das Kapitel zum Haushaltssektor mit einer Prognose des zukünftigen Endenergieverbrauchs abgeschlossen werden. Die prognos AG[41] erwartet für das Jahr 2020 einen Endenergieverbrauch von 2229 PJ, also einen Rückgang um 24 % gegenüber 1996. Die verschiedenen Anwendungsbereiche werden mit folgenden Anteilen am Verbrauch beteiligt sein: Raumwärme 77 %, Warmwasser 11 %, Prozeßwärme 2 %, mechanische Energie und Beleuchtung 10 %. Im einzelnen werden die folgenden Entwicklungen prognostiziert:

- Zunahme des Wohnungsbestandes auf 42,6 Mio. in 2020
- Anstieg der Wohnungsdurchschnittsfläche auf 94 m^2 in 2020
- Verbesserungen bei der Wärmedämmung und den Heizungsanlagen-Wirkungsgraden führen zwischen 1992 und 2020 zu einem Rückgang des flächenspezifischen Heizenergieverbrauchs um 38 %
- Anteil der Wohnungen mit Zentralheizung beträgt 2020 99 %
- Beheizungsstruktur 2020: Gas 48 %, Heizöl 33 %, Fernwärme 10 %, Strom 8 % und Kohle 1 %.

[38] Vgl. ESSO (1995).
[39] Vgl. VDEW (1997).
[40] Vgl. Umweltbundesamt (1998).
[41] Vgl. prognos (1996).

ESSO [42] prognostiziert für das Jahr 2020 einen Endenergieverbrauch im Haushaltssektor in Höhe von 2638 PJ, d.h. 10 % weniger als 1996. Der Anteil der Raumwärme wird dann ca. 83 % ausmachen. ESSO stützt sich dabei auf folgende Teilprognosen:

- Wohnungsbestand 2020: 40 Millionen
- durchschnittliche Wohnungsgröße: 90 m^2
- Rückgang des flächenspezifischen Heizenergieverbrauchs zwischen 1996 und 2020 um 35 %
- Beheizungsstruktur 2020: Gas 48 %, Heizöl 31 %, Fernwärme 11 %, Strom 5 %, erneuerbare Energien 4 %.

3. Energieeffizienzpolitik in Deutschland

3.1 Legitimation staatlicher Energieeffizienzpolitik

Staatliche Maßnahmen mit dem Ziel der Energieeinsparung wurden in Deutschland, wie in anderen Industrieländern auch, zunächst als Reaktion auf die Ölpreiskrise zu Beginn der 70er Jahre ergriffen. So stammt das Energieeinsparungsgesetz aus dem Jahr 1976. Die staatliche Energieeffizienzpolitik wurde damals mit der begrenzten Reichweite der fossilen Energiereserven und den Befürchtungen einer Abhängigkeit von den ölexportierenden Staaten des Nahen und Mittleren Ostens begründet. Heute verfolgt die Energieeffizienzpolitik schwerpunktmäßig andere Ziele. Sie stützt sich dabei auf zwei Legitimationslinien:

- Da sich das Ressourcenproblem als nicht so dramatisch wie damals befürchtet erwiesen hat, wird Energieeinsparung und rationelle Energienutzung heute v.a. unter Klimaschutzgesichtspunkten als eine mögliche vielversprechende CO_2-Reduktionsstrategie gesehen.
- Energieverwendungssituationen sind durch ein bestimmtes Einsatzverhältnis der Faktoren Energie und Kapital gekennzeichnet. Dieses Verhältnis kann dabei in vergleichbaren Situationen durchaus sehr unterschiedliche Werte annehmen. So gibt es z.B. im Raumwärmebereich Kombinationen aus hohem Kapitaleinsatz in Form moderner Heizungssysteme und guter Wärmedämmung und dadurch niedrigem Energieeinsatz. Auf der anderen Seite gibt es aber auch Gebäude quasi ohne Wärmedämmung und mit veralteten Heizungsanlagen (niedriger Kapitaleinsatz), in denen die Bereitstellung von Raumwärme demzufolge einen relativ hohen Brennstoffeinsatz erfordert. Das optimale Einsatzverhältnis zwischen Energie und Kapital wird oftmals nicht realisiert.[43] Es wird weiterhin eine suboptimale, weil viel zu große Menge an Energie eingesetzt, obwohl eine Teilsubstitution durch Kapital technisch möglich und ökonomisch sinnvoll ist. Für dieses Phänomen, das auch als "energy efficiency

[42] Vgl. ESSO (1997).
[43] Vgl. Hensing, Pfaffenberger, Ströbele 1998.

gap" bezeichnet wird, werden verschiedene "barriers" verantwortlich gemacht, die einen effizienten Energieeinsatz behindern.[44] Aufgabe der Energieeffizienzpolitik ist es daher, diese Barrieren abzubauen.

Die deutsche Energieeffizienzpolitik war von Anfang an marktwirtschaftlich orientiert, die entscheidenden Impulse für die Beeinflussung des Konsumentenverhaltens sollten von den Energiepreisen ausgehen. Nach dem Ölpreisverfall 1985/86 konnten die Energiepreise diese ihnen von der Politik zugedachte Anreizfunktion jedoch nicht mehr ausfüllen. Die Rentabilität von Energieeffizienzinvestitionen verschlechterte sich. Dies führte dazu, daß staatliche Maßnahmen im Hinblick auf das Energieeinsparungsziel an Bedeutung gewannen.

3.2 Instrumente staatlicher Energieeffizienzpolitik

Hier werden Maßnahmen der deutschen Energiepolitik dargestellt, die direkt auf Energieeinsparungen abzielen. Daneben gibt es noch eine Vielzahl von Maßnahmen aus den verschiedensten Politikbereichen, die indirekt u. U. eine Reduzierung des Energieverbrauchs in bestimmten Sektoren bewirken können. Als Beispiel sei hier die Liberalisierung des Eisenbahnverkehrs genannt, die über das Ende des Monopols der Deutschen Bahn und die Einführung von Wettbewerb beim Schienengüterverkehr zu einer Verlagerung von Transporten von der Straße auf die Schiene und so zu Energieeinsparungen führen kann. Auf Maßnahmen dieser Art wird hier nicht eingegangen.

3.2.1 Information und Beratung der Verbraucher

Hinter diesem Oberbegriff verbergen sich eine Vielzahl von Einzelmaßnahmen, von denen hier einige beispielhaft angeführt werden sollen:

- Beratung über sparsame und rationelle Energieverwendung durch die Arbeitsgemeinschaft der Verbraucherverbände in 330 Städten. Diese Beratungsleistung wird durch das Bundeswirtschaftsministerium finanziert.
- Vor-Ort-Beratung zur sparsamen und rationellen Energieverwendung in Wohngebäuden. Gebäudeeigentümer können eine ingenieurmäßige Beratung in Anspruch nehmen, die sich auf den baulichen Wärmeschutz, die Heizungsanlagen-Technik sowie eine eventuelle Nutzung erneuerbarer Energien bezieht. Der Berater erhebt den Ist-Zustand des Gebäudes, erstellt einen Beratungsbericht und macht Vorschläge zu Energiesparmaßnahmen. Das Bundeswirtschaftsministerium bezuschußt diese Beratung mit bis zu 900,- DM.
- Förderung von Energiesparberatungen in kleinen und mittleren Unternehmen. Industrie-, Handwerks- und Agrarbetriebe können Zuschüsse in Höhe von bis

[44] Weber identifiziert vier Klassen solcher "barriers": Institutional, market, organisational and behavioural barriers (vgl. Weber 1997).

zu 40 % der Kosten einer Beratung zur rationellen Energieverwendung erhalten.

Neben diesen auf Bundesebene ergriffenen Maßnahmen haben auch die Länder und Gemeinden eigene Energieeffizienz- und Klimaschutzprogramme erarbeitet, die zum Teil ähnliche Informations- und Beratungsdienstleistungen enthalten. Einige Bundesländer haben - oftmals zusammen mit Energieversorgungsunternehmen - sogenannte Energieagenturen gegründet, um die Durchführung von Maßnahmen der Energieeffizienzpolitik, insbesondere im öffentlichen Sektor zu unterstützen. Aufgrund von Unterschieden bei ihrer rechtlichen Konstruktion und den inhaltlichen Schwerpunkten existieren zwischen den einzelnen Agenturen erhebliche Unterschiede bezüglich der Art und des Erfolgs der realisierten Programme.

Im Bereich der Haushaltsgeräte ist seit dem 02.07.1997 das sogenannte Energieverbrauchskennzeichnungsgesetz in Kraft. Mit ihm wurden die Grundlagen zur Umsetzung von zwei EG-Richtlinien über die Angabe des Verbrauchs an Energie und anderer Ressourcen durch Haushaltsgeräte und über Anforderungen im Hinblick auf die Energieeffizienz von Haushaltskühl- und -gefriergeräten geschaffen. Inzwischen hat die Bundesregierung auf der Grundlage des Energieverbrauchskennzeichnungsgesetzes zwei Verordnungen erlassen: Durch die Energieverbrauchskennzeichnungsverordnung vom 30.10.1997 müssen Kühl- und Gefriergeräte, Waschmaschinen und Wäschetrockner seit dem 01.01.1998 und Geschirrspüler seit dem 01.06.1998 mit ihrem Stromverbrauch und weiteren umweltrelevanten Daten gekennzeichnet werden. Diese Verpflichtung gilt inzwischen auch für Versandhauskataloge und ab Dezember 1998 auch für moderne Medien (Teleshopping, Internet, CD-ROM-Kataloge). Am 03.06.1998 wurde die Energieverbrauchshöchstwerteverordnung erlassen, die für neu in Verkehr gebrachte Haushaltskühl- und -gefriergeräte maximal zulässige Energieverbrauchswerte festlegt.

3.2.2 Finanzielle Zuschüsse und Steuererleichterungen

Die staatlichen Finanzierungshilfen konzentrieren sich zur Zeit auf die neuen Bundesländer, da man sich dort mit diesem Mitteleinsatz einen höheren Einspareffekt erhofft als bei einer Verwendung im alten Bundesgebiet. Zu diesem Maßnahmenpaket gehören z.B. zinsgünstige Darlehen aus dem Wohnraummodernisierungsprogramm der Kreditanstalt für Wiederaufbau (KfW). Ein erheblicher Teil dieser Darlehen (27 %) wurde für die Finanzierung energiesparender Maßnahmen eingesetzt, die im Zusammenhang mit ohnehin erforderlichen Instandsetzungsmaßnahmen durchgeführt wurden. Insgesamt wurden Maßnahmen an 46 % des ostdeutschen Wohnungsbestandes gefördert.

Das Fördergebietsgesetz honoriert Modernisierungs- und Instandsetzungsmaßnahmen an Gebäuden in den neuen Bundesländern durch die Einräumung von Sonderabschreibungen bzw. die Möglichkeit, die Modernisierungsaufwendungen wie Sonderausgaben geltend machen zu können.

Ein Schwerpunkt in den vergangenen Jahren war das Bund-Länder-Fernwärme-Sanierungsprogramm mit einem Volumen von 1,2 Mrd. DM. In den neuen Bundesländern werden 28 % der Wohnungen mit Fernwärme beheizt. Mit Hilfe des Sanierungsprogrammes sollte dieser relativ hohe Anteil, der in den alten Bundesländern bei lediglich 8 % liegt, stabilisiert werden. Dies geschah v.a. durch die Förderung von Kraft-Wärme-Kopplungsanlagen. Obwohl die Fernwärmeversorgung ein Schwerpunkt der Energiepolitik der früheren DDR war, hatte die Kraft-Wärme-Koppelung nur eine erstaunlich geringe Bedeutung.[45] Wie aus Tabelle 29 zu ersehen ist, hat der in den letzten Jahren erheblich gestiegene Anteil der KWK an der Fernwärme in den neuen Ländern noch nicht das westdeutsche Niveau erreicht.

	Einheit	alte Bundesländer	neue Bundesländer	Deutschland
Anschlußwerte	GJ/s	43,1	12,5	55,6
Wärmeengpaßleistung		36,9	12,2	49,1
• Heizkraftwerke		21,1	6,1	27,2
• Heizwerke		15,8	6,1	21,9
Netzeinspeisung	TWh	68,7	29,0	97,7
• Heizkraftwerke		46,2	11,8	58,0
• Heizwerke		13,4	12,1	25,6
• Fremdbezug		9,1	5,0	14,1
elektrische Nennleistung	GW	8,2	1,5	9,7
Stromerzeugung aus KWK	TWh	16,8	3,8	20,6

Tab. 29: Daten zur Fernwärme 1995 (Quelle: Die Elektrizitätswirtschaft in der Bundesrepublik Deutschland 1995)

Für die alten Bundesländer wurde 1996 von der KfW ein Förderprogramm in Höhe von inzwischen 5 Mrd. DM zur CO_2-Minderung im Gebäudebestand aufgelegt. Bis Ende 1997 wurden aus diesem Programm Maßnahmen an 161.000 Wohnungen finanziert. Die Mittel wurden zu 37 % für Wärmedämmung, zu 20 % auf Fenstererneuerung und zu 35 % auf die Installation von Brennwert- oder Niedertemperaturkesseln verwendet.

Im Rahmen der steuerrechtlichen Wohneigentumsförderung gibt es seit 1996 eine Zusatzförderung für Energiesparinvestitionen ("Ökozulage"). Diese beinhaltet für max. 8 Jahre einen Zuschuß von 500 DM p. a. für den Einbau einer

[45] Vgl. Hensing, Pfaffenberger, Ströbele (1998).

Wärmepumpe, Solar- oder Wärmerückgewinnungsanlage bzw. von 400 DM p.a. beim Bau eines Niedrigenergiehauses.

3.2.3 Ordnungsrechtliche Regelungen

Neben den bisher genannten eher "weichen" Instrumenten wurden in den vergangenen 20 Jahren in Deutschland aber auch einige Effizienzstandards verbindlich per Rechtsverordnung festgeschrieben. Dies geschah allerdings bisher nur in zwei Teilbereichen, nämlich bei der Nutzung des Nebenproduktes Wärme und im Gebäudebereich.

Wärme als Nebenprodukt

Bei vielen technischen Prozessen entsteht als ein Nebenprodukt Wärme, die nicht wieder direkt genutzt werden kann und daher häufig an die Umgebung abgegeben wird. Das Bundesimmissionsschutzgesetz verpflichtet nun die Betreiber genehmigungsbedürftiger Anlagen, diese Wärme entweder selbst zu nutzen oder an Dritte zur Nutzung abzugeben, soweit dies technisch möglich und zumutbar ist. Nach § 5 Abs. 2 BImSchG soll diese Wärmenutzung durch eine Rechtsverordnung geregelt werden. Ein Kabinettsbeschluß vom 07.11.1990 sah den Erlaß einer solchen Wärmenutzungsverordnung vor. Diese Maßnahmen wurden jedoch im Hinblick auf die Selbstverpflichtungserklärung der deutschen Wirtschaft zur Klimavorsorge einstweilig zurückgestellt. Lediglich für Abfallverbrennungsanlagen existiert zur Zeit eine solche Vorgabe, in der festgelegt ist, daß Wärme, die nicht selbst genutzt oder an Dritte abgegeben wird, zur Stromerzeugung eingesetzt werden muß, wenn eine elektrische Leistung von mehr als 500 kW möglich ist.

Exkurs: Die Erklärung der deutschen Wirtschaft zur Klimavorsorge
In der 1996 aktualisierten Version dieser Erklärung versprach die deutsche Wirtschaft, besondere Anstrengungen zu unternehmen, ihre spezifischen CO_2-Emissionen bzw. den spezifischen Energieverbrauch bis zum Jahr 2005 auf Basis des Jahres 1990 um 20 % zu verringern. Für die Bundesregierung ist diese Erklärung das zentrale klimapolitische Instrument im Industriebereich. Sie hat sich daher im Gegenzug bereit erklärt, zusätzliche ordnungsrechtliche Maßnahmen zur Klimavorsorge (v.a. die o. g. Wärmenutzungsverordnung) auszusetzen und versprochen, sich dafür einzusetzen, daß die so erreichten CO_2-Minderungen der Wirtschaft bei der Ausgestaltung einer EU-weiten CO_2-/Energiesteuer angerechnet werden. Die erbrachten CO_2-Minderungen der einzelnen Wirtschaftszweige werden im Rahmen eines Monitoringkonzeptes durch einen unabhängigen Gutachter überwacht. Während Bundesregierung und Wirtschaft die Erklärung als erfolgreichen Einsatz eines ökonomischen Klimaschutzinstrumentes beurteilen, gibt es aber auch Kritik, die sich insbesondere auf die zum Teil sehr unverbindlich gehaltenen Teilerklärungen einzelner Wirtschaftszweige beziehen. Darüber

hinaus gibt es Abgrenzungsprobleme, ob erreichte Verringerungen der CO_2-Emissionen wirklich auf "besondere Anstrengungen" der Wirtschaft zurückzuführen sind oder lediglich auf eine trendmäßige Entwicklung.

Gebäudebereich

Seit dem Beginn der Energieeffizienzpolitik in den 70er Jahren bildet die Reduzierung des Energieverbrauchs im Raumwärmesektor einen (ordnungsrechtlichen) Schwerpunkt. Die gesetzliche Grundlage hierfür ist das bereits angesprochene Energieeinsparungsgesetz (EnEG). Auf dessen Basis existieren zur Zeit drei Rechtsverordnungen, durch die verschiedene Ansatzpunkte für Energieeinsparungen realisiert werden:

- Wärmeschutzverordnung
- Heizungsanlagenverordnung
- Heizkostenverordnung.

Die grundsätzlich marktorientierte Ausrichtung der Energieeffizienzpolitik zeigt sich hier darin, daß alle in diesen Rechtsverordnungen aufgestellten Anforderungen "wirtschaftlich vertretbar" sein müssen. Dies ist laut EnEG der Fall, wenn sich die Aufwendungen innerhalb der üblichen Nutzungsdauer durch die resultierenden Energieeinsparungen amortisieren.

Aufgrund der Temperaturdifferenz zwischen Gebäudeinnerem und Umgebung kommt es während der Heizperiode zu Transmissionswärmeverlusten durch die Außenbauteile und zu Lüftungswärmeverlusten. Die Wärmeschutzverordnung zielt auf die Begrenzung des Jahres-Heizwärmebedarfs bei Neubauten und bei bestimmten baulichen Veränderungen an bestehenden Gebäuden. Dies geschieht über die Festlegung von Standards zur Verminderung der Transmissionswärmeverluste. Da der Gebäudenutzer i.d.R. nicht energiesparend lüftet, kann der Einbau mechanischer Lüftungsanlagen zu einer Reduzierung der Lüftungswärmeverluste beitragen. Solche Anlagen erfüllen zur Zeit allerdings noch nicht das o.g. "Wirtschaftlichkeitsgebot" des § 5 EnEG und sind daher auch nicht verbindlich vorgeschrieben. Bei einer freiwilligen Installation wird der sich ergebende reduzierte Lüftungswärmebedarf aber derart berücksichtigt, daß die Anforderungen an den baulichen Wärmeschutz entsprechend gelockert werden. Bis zu einer möglichen Festsetzung von Standards zur Begrenzung der Lüftungswärmeverluste sind noch weitere Forschungen zu Lüftungsbedarf und Belüftungstechnik erforderlich.

Die Wärmeschutzverordnung konzentriert sich auf den Heizwärmebedarf von Neubauten und wird daher nur zu einer relativ langsamen Verbesserung der Energieeffizienz im gesamten Gebäudebestand führen. Der durchschnittliche Heizenergiebedarf für den Gesamtgebäudebestand in Deutschland beträgt 220 kWh/a pro m^2 Nutzfläche. Gebäude, die nach der alten Wärmeschutzverordnung von 1984 errichtet wurden, weisen einen Verbrauch zwischen 80 und 190 kWh/m²*a auf. Nach der Novelle 1994 ist nur noch ein maximaler Jahres-Heizwärmebedarf zwischen 54 und 100 kWh/m²*a erlaubt.

§ 8 der Wärmeschutzverordnung enthält Regelungen zur Begrenzung des Heizwärmebedarfs bei bestehenden Gebäuden. So müssen bei der Instandsetzung oder Modernisierung von Dächern und Außenwänden und dem Ersatz von Fenstern auch Maßnahmen zur Energieeinsparung vorgenommen werden. Allerdings wird diese Vorschrift in der Praxis nur sehr unzureichend umgesetzt. Hier sind die zuständigen Bundesländer aufgefordert, den Vollzug zu verbessern.

Die Wärmeschutzverordnung dient auch der Umsetzung der Art. 2 und 5 der sogenannten SAVE-Richtlinie der EG. Dabei entspricht der in § 12 Wärmeschutzverordnung vorgeschriebene Wärmebedarfsausweis für Neubauten dem in der Richtlinie geforderten Energieausweis für Gebäude, der die energiebezogenen Merkmale eines Gebäudes beschreiben und potentielle Nutzer in die Lage versetzen soll, die energetische Qualität des Gebäudes zu beurteilen und Rückschlüsse auf den unter normierten Bedingungen zu erwartenden Heizwärmeverbrauch zu ziehen. Hier gibt es Überlegungen, den Wärmebedarfsausweis durch einen Energiepaß zu ersetzen, der erst nach Abschluß der Bauarbeiten erstellt wird und keine Planungswerte enthält, sondern die realen Energieverbrauchswerte dokumentiert. Darüber hinaus könnte eine solche Zertifizierung auch im Zuge von Sanierungsarbeiten an Altbauten vorgeschrieben werden.

Der Energieverbrauch hängt natürlich nicht nur von den ergriffenen Wärmeschutzmaßnahmen ab, sondern auch vom Wirkungsgrad des Heizungssystems. Bei der Bereitstellung von Nutzwärme für die Raumheizung treten - wie bei jedem anderen wärmetechnischen Prozeß auch - gewisse Umwandlungsverluste auf, und zwar Abgas-, Strahlungs- und Betriebsbereitstellungsverluste am Heizkessel und Transportverluste am Verteilsystem zwischen Kessel und Heizkörper. Zur Begrenzung dieser Verluste müssen heizungstechnische Anlagen in Deutschland bestimmte, in der Heizungsanlagenverordnung festgelegte Anforderungen erfüllen. Durch die Heizungsanlagenverordnung wurden die Teile der sogenannten Wirkungsgradrichtlinie der EG, die sich auf die Inbetriebnahme von Heizkesseln beziehen, in deutsches Recht umgesetzt.

Die Verordnung bezieht sich nicht nur auf neue Heizungsanlagen, sondern auch auf bereits in Betrieb befindliche. Altanlagen, die vor dem Inkrafttreten der ersten Heizungsanlagenverordnung 1978 installiert wurden, sind i.d.R. erheblich überdimensioniert und haben das Ende ihrer rechnerischen Nutzungsdauer bereits erreicht. Diese Anlagen mußten, gestaffelt nach Nennleistung und Alter, bis Ende 1997 an den tatsächlichen Wärmebedarf angepaßt werden. Ebenfalls bis Ende 1997 mußten alle Zentralheizungen mit modernen Regelungsanlagen, die eine Steuerung in Abhängigkeit von Außentemperatur und Zeit gestatten und alle Heizkörper mit Thermostatventilen ausgerüstet sein.

Aufgrund der in Deutschland herrschenden klimatischen Verhältnisse werden Heizungsanlagen während der Heizperiode fast ausschließlich in Teillast gefahren. Die Heizungsanlagenverordnung schreibt daher vor, daß ab dem 01.01.1998 grundsätzlich nur noch Niedertemperatur- oder Brennwertkessel, die in diesem Auslastungsbereich Wirkungsgradvorteile gegenüber konventionellen Kesseln besitzen, in Betrieb genommen werden dürfen. Da diese Kessel bestimmte Anforderungen an die Kamine stellen, sind bei älteren Gebäuden in Ausnahmefällen auch noch Standardheizkessel zulässig.

In der Bauproduktengesetz-Heizkesselverordnung hat die Bundesregierung inzwischen bestimmte Wirkungsgradanforderungen festgelegt, die von neu in den Verkehr gebrachten Heizkesseln eingehalten werden müssen.

Die Begrenzung der Abgasverluste wird nicht durch die Heizungsanlagenverordnung, sondern extra durch die Kleinfeuerungsanlagenverordnung des Bundesimmissionsschutzgesetzes geregelt. Diese legt fest, daß die Abgasverluste je nach Größe der Heizungsumlage maximal 9 - 11 % der eingesetzten Energie betragen dürfen. Bereits bestehende Anlagen werden nach gestaffelten Übergangsfristen bis spätestens November 2004 an das Abgasverlustniveau für Neuanlagen herangeführt.

Die Überwachung der Heizungsanlagen wird in Deutschland durch die Schornsteinfeger vorgenommen. Deren traditionelle Aufgabe bestand aus der Reinigung und Wartung von Kaminen von Kohle- und Ölheizungen. Durch die zunehmende Verbreitung von Gasheizungen und die Einführung der o. g. Verordnungen hat sich ihr Tätigkeitsschwerpunkt verlagert. Trotz ihres Namens beschäftigen sie sich inzwischen mehr mit der Überwachung von Heizungsanlagen als mit der von Schornsteinen. Bei den Schornsteinfegern handelt es sich um private Unternehmen, die allerdings staatlich geschützte räumliche Monopole besitzen und deren Gebühren einer staatlichen Kontrolle unterliegen. Es wird überlegt, das Tätigkeitsfeld der Schornsteinfeger neu zu definieren und sie verstärkt mit der Beratung und Information der Gebäudebesitzer zu betrauen.

Für die Zukunft wird eine Reduzierung des Jahresheizwärmebedarfs bei Neubauten um weitere 30 % gegenüber der derzeit geltenden Wärmeschutzverordnung angestrebt. Da bei diesem verminderten Wärmebedarf das Zusammenwirken zwischen Gebäude und Heizungsanlage an Bedeutung gewinnt, ist es geplant, Wärmeschutz- und Heizungsanlagenverordnung in einer sogenannten Energieeinsparungsverordnung zusammenzufassen. Die genaue Gestaltung dieser Verordnung wird zur Zeit noch diskutiert. Es gibt aber auch kritische Stimmen, die zweifeln, ob die möglichen Energieeinsparungseffekte wirklich die mit der Realisierung der neuen Standards verbundenen Kosten rechtfertigen.

Durch die SAVE-Richtlinie der EG von 1993 werden die Mitgliedsstaaten u.a. verpflichtet, für eine verbrauchsabhängige Abrechnung der Kosten für Heizung, Klimatisierung und Warmwasserbereitung zu sorgen. In Deutschland wurde diese Abrechnungsmethode bereits 1981 durch die Heizkostenverordnung verbindlich vorgeschrieben.

Seitdem muß in Gebäuden mit mehreren Wohneinheiten die Aufteilung der Heizkosten auf die einzelnen Wohnungen auf individuellen Messungen des Heizenergieverbrauchs in den Wohnungen beruhen. 50 bis 70 % der Betriebskosten der Heizungs- bzw. Warmwasseranlage müssen nach dem erfaßten Verbrauch abgerechnet werden. Die übrigen Kosten werden nach der Wohn- oder Nutzfläche oder dem umbauten Raum verteilt.

Ziel dieser Verordnung ist es, ohne großen Investitionsaufwand über Verhaltensänderungen der Gebäudenutzer eine Reduzierung des Energieverbrauchs zu erreichen. Die individuelle Messung des Heizenergieverbrauchs liefert den Gebäudenutzern einen Anreiz, sparsam mit Heizenergie umzugehen, da sie so finanzielle Vorteile aus ihrem Verhalten ziehen können. Ohne eine solche Messung ist die Bereitstellung von Heizenergie vergleichbar mit einem öffentlichen Gut und der Heizkostenanteil mit einer Steuer zur Finanzierung dieses Gutes. Eine solche Konstruktion wirkt natürlich tendenziell energieverbrauchssteigernd, da der einzelne Gebäudenutzer einen Anreiz erhält, für seine "Steuerzahlung" einen möglichst großen Anteil des "öffentlichen Gutes" zu konsumieren. Es wird geschätzt, daß die Einführung der Heizkostenverordnung zu einem Energieverbrauchsrückgang von 15 % geführt hat.

Eine exakte Messung der individuellen Heizenergieverbräuche in einem Gebäude ist technisch aufwendig. Die im Zuge der Heizkostenverordnung eingeführten Verfahren sind jedoch relativ unkompliziert, da sie nicht den exakten Verbrauch messen, sondern lediglich Verbrauchswerte erfassen, mit deren Hilfe sich prozentuale Verbrauchsanteile der einzelnen Wohnungen ermitteln lassen. Dies geschieht üblicherweise mit Hilfe von Heizkostenverteilern an den Heizkörpern, die nach dem Verdunstungsprinzip arbeiten. Eine Reihe von Firmen hat sich darauf spezialisiert, diese Heizkostenverteiler im Auftrag der Hausbesitzer abzulesen. Um Anreize zum Energiesparen zu liefern, ist eine exakte Verbrauchsmessung nicht erforderlich. Daher ist es sinnvoll, zwischen 30 und 50 % der Kosten weiterhin nach einem eher pauschalen Maßstab, wie z. B. der Wohnungsgröße, abzurechnen.

4. Literaturverzeichnis

Blick durch die Wirtschaft (1997): Straßengüterverkehr trägt maßgeblich zum Treibhauseffekt bei, in: Blick durch die Wirtschaft v. 04.12.1997

BMWi (1998): Bundesministerium für Wirtschaft (Hg.): Energie Daten '97/'98, Bonn 1998

BMWi (1998a): Bundesministerium für Wirtschaft: Rohölimporte Januar - Dezember 1997, in: BMWi-Tagesnachrichten Nr. 10711 v. 16.02.98

Borch, Nickel (1998): Günter Borch, Michael Nickel: Marktforschung bei Haushaltskunden, in: Elektrizitätswirtschaft, Vol. 97 (1998), Nr. 15, S. 31-35

BP (1996): BP Oil Deutschland GmbH (Hg): Zahlen aus der Mineralölwirtschaft 1996, Hamburg 1996

Bundesbauministerium (1998): Bundesministerium für Raumordnung, Bauwesen und Städtebau (Hg.): Haus und Wohnung im Spiegel der Statistik 1997/98, Bonn 1998

Bundesumweltministerium (1994): Bundesministerium für Umwelt, Naturschutz und Reaktorsicherheit (Hg.): Erster Bericht der Regierung der Bundesrepublik Deutschland nach dem Rahmenübereinkommen der Vereinten Nationen über Klimaänderungen, Bonn 1994

Bundesumweltministerium (1998): Bundesministerium für Umwelt, Naturschutz und Reaktorsicherheit (Hg.): Entwurf eines umweltpolitischen Schwerpunktprogramms, in: Umwelt, 1998, Nr. 5, S. I-XII

Ebersperger u.a. (1998): Ralf Ebersperger, Wolfgang Mauch, Cornelis Rasmussen, Ulrich Wagner: Wieviel Energie braucht ein Pkw?, in: Energiewirtschaftliche Tagesfragen, Vol. 48 (1998), Nr. 5, S. 323-329

Esso (1995): ESSO AG (Hg.): Energieprognose 1995. Moderne Heizung - aktiver Klimaschutz, Hamburg 1995

Esso (1996): ESSO AG (Hg.): Energieprognose 1996. Industrie verbraucht weniger Energie, Hamburg 1996

Esso (1997): ESSO AG (Hg.): Energieprognose 1997. Mehr Strom aus Gas, Hamburg 1997

FAZ (1998): Jedes zweite Altgerät bleibt im Haushalt, in: Frankfurter Allgemeine Zeitung v. 05.02.1998

Hensing, Pfaffenberger, Ströbele (1998): Ingo Hensing, Wolfgang Pfaffenberger, Wolfgang Ströbele: Energiewirtschaft, München 1998

ifo (1998): Verkehrsentwicklung 1998 im Zeichen des Konjunkturaufschwungs, in: Ifo Wirtschaftskonjunktur 2/98

Laschke (1997): Bärbel Laschke: Dauerhaft höhere Energieintensität der ostdeutschen Industrie?, in: Energiewirtschaftliche Tagesfragen, Vol. 47 (1997), Nr. 3. S. 147-151

OECD (1997): OECD in Figures. Statistics on the Member Countries. Supplement to The OECD Observer, No. 206, June/July 1997

Opitz, Pfaffenberger (1996): Petra Opitz, Wolfgang Pfaffenberger: Verpaßte Stunde Null? Transformation am Beispiel der russischen Elektrizitätswirtschaft, Münster 1996

Otte, Kuckshinrichs (1997): Christoph Otte, Wilhelm Kuckshinrichs: Der globale Einsatz von Clean Coal Technologies zur Stromerzeugung: Sozioökonomische Effekte zusätzlicher Exportnachfrage für Deutschland, Interner Bericht des Forschungszentrums Jülich FZJ-STE-IB-5/97, Jülich 1997

prognos (1996): prognos AG (Hg): Die Energiemärkte Deutschlands im zusammenwachsenden Europa - Perspektiven bis zum Jahr 2020, Stuttgart 1996

Schiffer (1997): Hans-Wilhelm Schiffer: Energiemarkt Bundesrepublik Deutschland, Kön 1997

Schiffer (1998): Hans-Wilhelm Schiffer: Deutscher Energiemarkt '97, in: Energiewirtschaftliche Tagesfragen, Vol. 48 (1998), Nr. 3, S. 179-193

Statistisches Bundesamt (1997): Statistisches Bundesamt (Hg.): Volkswirtschaftliche Gesamtrechnungen, Fachserie 18, Reihe 2, Input-Output-Tabellen 1993, Wiesbaden 1997

Statistisches Bundesamt (1997a): Statistisches Bundesamt (Hg.): Datenreport 1997, Bonn 1997

Umweltbundesamt (1998): Vorstellung des Jahresbericht 1997 des Umweltbundesamt, in Pressemitteilung Nr. 23/98

VDEW (1997): Haushalte nutzen Strom rationeller, in: Pressemeldung der Vereinigung Deutscher Elektrizitätswerke v. 16.07.1997

Weber (1997): Lukas Weber: Some reflections on barriers to the efficient use of energy, in: Energy Policy, Vol. 25 (1997), Nr. 10, S. 833-835

Wolfgang Schulz

Die Förderung erneuerbarer Energiearten in Deutschland und bestehende Potentiale

1. GEGENWÄRTIGE NUTZUNG ERNEUERBARER ENERGIEARTEN IN DEUTSCHLAND UND BESTEHENDE POTENTIALE 129

2. RAHMENBEDINGUNGEN ERNEUERBARER ENERGIEARTEN IN DEUTSCHLAND 136

2.1 BISHERIGE ENTWICKLUNG 136

2.2 GEGENWÄRTIGE RAHMENBEDINGUNGEN 140

2.2.1 Windenergie 140

2.2.2 Wasserkraftnutzung 142

2.2.3 Geothermie 144

2.2.4 Photovoltaik 144

2.2.5 Solarthermie 146

2.2.6 Feste Biomasse 146

2.2.7 Anaerobe Prozesse 149

2.2.8 Biogene Flüssigbrennstoffe 152

3. ERFORDERLICHE SCHUTZMAßNAHMEN FÜR REGENERATIVE ENERGIEARTEN IM ZUKÜNFTIGEN ORDNUNGSRAHMEN 152

4. LITERATURVERZEICHNIS 154

Einleitung

Die Nutzung regenerativer Energieträger stellte über sehr lange Zeiträume der Menschheitsgeschichte die einzige Energieversorgungsbasis dar und ist erst im Zuge der industriellen Entwicklung und dem damit verbundenen enorm gestiegenen Energiebedarf in eine Nebenrolle geraten. In Deutschland befürwortet mittlerweile der überwiegende Teil der Bevölkerung eine stärker auf erneuerbare Energiearten abgestellte Energieversorgung. Ausschlaggebend hierfür war in den siebziger Jahren der Wunsch nach verminderter Energieimportabhängigkeit sowie das Bewußtsein um die Begrenztheit der fossilen Energieressourcen. Später kamen sichtbare Umweltschäden durch Einsatz fossiler Brennstoffe als Argument hinzu, und inzwischen steht die Erkenntnis im Vordergrund, daß der ungebremste CO_2-Eintrag aus fossilen Energiearten bedrohliche Klimaveränderungen bewirken würde und daß die Biosphäre weitaus empfindlicher auf eine Mißachtung ökologischer Prinzipien reagiert als bisher angenommen wurde. Parallel dazu spielte stets eine Rolle, daß in den regenerativen Energieformen ein Gegenpol zur als gefährlich eingestuften Kernenergie gesehen wird.

Trotz der breitangelegten positiven Grundhaltung tragen erneuerbare Energiearten in Deutschland bereits seit einiger Zeit nur zu etwa 2 % zu der Primärenergiebedarfsdeckung bei. Ein Durchbruch auf breiter Front ist ausgeblieben bzw. aufstrebende Aktivitäten verändern die Gesamtsituation aufgrund der eingetretenen Verbrauchszuwächse nur wenig. Dennoch läßt sich an den wenigen erfolgreichen Entwicklungen ablesen, von welchen Rahmenbedingungen eine beschleunigte Markteindringung der erneuerbaren Energiearten abhängt. Dieser Beitrag beschäftigt sich mit diesen hoffnungsvollen Ansätzen und geht auf die zu beseitigenden Barrieren ein. Vorab sollen die aktuellen Beiträge und die Perspektiven der erneuerbaren Energiearten in Deutschland erläutert werden.

Wenn die Bedeutung der erneuerbaren Energiearten wesentlich zunehmen, d. h. eine Entwicklung in Richtung „Sonnenenergiewirtschaft“ vollzogen werden soll, dann hängt dies auch von einer konsequenten Energieeinsparpolitik ab. Auf die gegebenen Chancen der rationellen Energieartenutzung wird in Abschnitt 3 eingegangen.

1. Gegenwärtige Nutzung erneuerbarer Energiearten in Deutschland und bestehende Potentiale

Grundlage der erneuerbaren Energiearten ist die Sonneneinstrahlung, die im Fall der Sonnenkollektoren und Solarzellen direkt genutzt wird, und die im Fall der Biomasse-, Wasserkraft- und Windkraftnutzung die Antriebskraft von natürlichen Kreisläufen und Ausgleichsbewegungen darstellt. Nur die Geothermie geht auf thermische Prozesse im Erdinnern zurück und die Gezeitenenergie, die in Deutschland bislang nicht genutzt wird, auf Anziehungskräfte des Mondes.

Die bedeutenden Umwandlungstechniken und deren Beitrag an der gegenwärtigen Energieversorgung in Deutschland sind in Tabelle 1 aufgelistet. Die Angaben basieren zum überwiegenden Teil auf Schätzungen, weil der Bereich, in dem Eigenversorgung eine große Rolle spielt, nur zu einem geringen Teil statistisch erfaßt ist.

Hervorzuheben ist, daß die Wasserkraftnutzung und die Holzfeuerung bereits seit langem mit Abstand die bedeutendsten Formen der Nutzung erneuerbarer Energiearten in Deutschland darstellen. Eine aufstrebende Tendenz ist vor allem bei der Windkraftnutzung, der Solarthermie und der Photovoltaik zu verzeichnen. Allerdings liegt der Beitrag der direkten Solarnutzungsarten noch auf einem sehr niedrigen Niveau. Die unscheinbaren anaeroben Prozesse im Abwasserbehandlungs- und Abfallbereich liefern jedenfalls einen höheren Beitrag als die viel beachteten Solarnutzungstechniken. Auch die Kraftstofferzeugung auf der Basis von Rapsanbau hat ein beachtliches Maß erreicht. In der Summe werden gegenwärtig in Deutschland ca. 23 TWh/a Strom, 35 PJ/a Nutzwärme und ca. 4 PJ/a an Treibstoff regenerativ erzeugt. In der Statistik einiger Länder, wie z. B. Dänemark, wird auch die Müllverbrennung unter der Rubrik „regenerative Energiearten" geführt. Angesichts dessen, daß der Heizwert des Mülls in erster Linie durch Bestandteile fossilen Ursprungs geprägt wird und daß die überwiegend feuchten biogenen Anteile nur gering zum Energieoutput beitragen, soll hier aber von einer Eingruppierung bei regenerativen Energiearten abgesehen werden.

Energiequelle	Umwandlung	Erzeugte Energie	Umfang	Referenzjahr	Tendenz im Trend
Solarstrahlung	Photovoltaik-Anlage	Strom	0,017TWh/a	1996	Zuwachs 30 %/a
Laufwasser	Wasserkraftwerk	Strom	19 TWh/a[1)]	1996	konstant
Windkraft	Windenergiekonverter	Strom	3,4 TWh/a	1997[2)]	0,5 TWh/a Zuwachs
Biomasse	Heizkraftwerk bzw. Vergaser + BHKW	{ Strom Wärme	0,15 TWh/a unbekannt	1996	zunehmend
Erdwärme	Geothermieanlage	Wärme[3)]	0,5 PJ/a	1996	unklar
Solarstrahlung	Kollektoranlage	Nutzwärme	2 PJ/a	1996	Zuwachs 20 %/a
Biomasse	Heizkessel	Nutzwärme (Brennstoff	32 PJ/a 70 PJ/a)	1996	gering zunehmend
Umgebungswärme	Wärmepumpenanlage	Nutzwärme	gering[4)]	1997	konstant
Biomasse	Anaerobe Prozesse	Brennstoff		1996	
	Biogas		0,2 PJ/a		gering zunehmend
	Klärgas		5,5 PJ/a		
	Deponiegas		4,5 PJ/a		
		(Strom hieraus	0,5 TWh/a)		
	Alkoholfermenter + Destillation	Treibstoff	gering	1996	konstant
	Rapsölaufbereitungsanlage	Treibstoff	3,4 PJ/a	1991	konstant

1) entspricht fast 5 % der Stromversorgung in Deutschland
2) 1766 MW installierte Nennleistung im Juni 1997 mal 1943 h/a
3) prinzipiell auch Strom- und Wärmeerzeugung möglich
4) ca. 50.000 Heizwärmepumpen überwiegend für Einfamilienhäuser

Tabelle 1: Gegenwärtige Nutzung erneuerbarer Energiearten in Deutschland[1]

Hinter den in Tabelle 1 enthaltenen Umwandlungstechniken verbergen sich viele mehr oder weniger entwickelte und verbreitete Einzeltechniken. So beinhaltet die Verwertung fester Biomasse z. B.

- die Verbrennung von Holzscheiten,
- die Holzhackschnitzelfeuerung,
- die Erzeugung und Verfeuerung von Stroh- bzw. Holzpreßlingen,
- verschiedene Varianten der Verfeuerung von Strohgroßballen,

[1] Vgl. Langniß (1997)

- die Einblasfeuerung von Sägespänen
- jeweils zur Wärmeerzeugung
- oder bei großen Einheiten zum Betrieb von Kraft-Wärme-Kopplungs-Einheiten auf der Basis von Dampfturbinen bzw. -motoren
- oder neue Vorstöße zum Einsatz von Sterlingmotoren zur gekoppelten Stromerzeu-gung
- oder sehr unterschiedliche Konzepte zur Vergasung, Pyrolyse oder Hydrolyse, die ein Schwachgas zum Betrieb einer Motor-BHKW-Anlage hervorbringen
- oder eine Anlage zur Synthesegaserzeugung zur Herstellung von Methanol, das als Kraftstoff dienen kann.

Bei der festen Biomasse kann es sich um Reststoffe unterschiedlicher Herkunft handeln oder um Material, das in eigens hierfür eingerichteten Plantagen auf der Basis von ertragreichen Pflanzen (Weiden, Miscantus, Getreide etc.) gewonnen wird.

Dieser auf wenige Seiten angelegte Beitrag muß aber zwangsläufig in einer grob gehaltenen Unterteilung geschehen und kann sich nicht in allen Aspekten mit der Vielfalt der technischen Lösungen und Nutzungsformen beschäftigen.

Entsprechend wird sich die im folgenden vorgenommene Einschätzung der **existierenden Perspektiven** ebenfalls an der Grobunterteilung der Tabelle 1 orientieren. Um die prinzipiellen Möglichkeiten auszuloten, ist es zunächst sinnvoll, nach dem technischen Machbaren, also den **technischen Potentialen**, zu fragen.

Zu technischen Potentialen regenerativer Energiearten in Deutschland liegen mehrere Untersuchungen vor, die eine große Bandbreite von Ergebnissen liefern. Hier sollen vor allem Ergebnisse einer ausführlichen Bearbeitung vorgestellt werden, die der Festlegung von Eingangsdaten für eine Modellierung des deutschen Energiesystems mit seinen Entwicklungsmöglichkeiten dienen soll (IKA-RUS-Projekt).

Umwandlungstechnik bzw. Energieträger	Technisches Potential[1)]	Erzeugte Energie
Photovoltaik		Strom
Dächer 800 km²	140 TWh/a	
Freiflächen 3.500 km²	600 TWh/a	
Wasserkraft		Strom
< 1 MW	3 TWh/a	
> 1 MW	21 TWh/a	
Windkraft		Strom
> 5 m/s	22 TWh/a	
< 5 m/s	49 TWh/a	
Geothermie	bis zu 600 PJ/a[2)]	Nutzwärme
Solare Nahwärme		
425 km² Kollektorfläche	490 PJ/a	Nutzwärme
feste Biomasse:		Brennstoff
Energieplantagen	30 PJ/a	
Reststroh/holz	210 PJ/a	
Anaerobe Prozesse:		
Biogas	80 PJ/a	Brennstoff
Klärgas	28 PJ/a	
Deponiegas	bis 22 PJ/a[3)]	
Rapsöl	bis 18 PJ/a	Kraftstoff
Ethanol	bis 24 PJ/a	Kraftstoff

[1)] zum Vergleich: gegenwärtiger Primärenergieverbrauch in Deutschland 14.000 PJ/a (3.900 TWh/a)
[2)] hierfür ist allerdings zustätzlich ca. 300 PJ/a Brennstoff erforderlich
[3)] ab 2005 rückläufig

Tabelle 2: Technische Potentiale regenerativer Energiearten in Deutschland[2]

Die in Tabelle 2 aufgelisteten Einzelpotentiale lassen sich nicht durchgängig aufaddieren, weil einige Umwandlungstechniken und Flächennutzungen in Konkurrenz zueinander stehen. Aber wenn berücksichtigt wird, daß Stromerzeugung in Deutschland als Primärenergie mit 2 1/2-fachem Gewicht eingeht und erhebliche Verbrauchsreduzierungen ohne Einschränkungen von Energiedienstleistungen vorstellbar sind, scheint es den Zahlen zufolge technisch möglich zu sein, die Energieversorgung Deutschlands im wesentlichen auf erneuerbare Energiequellen umzustellen. Doch die Realisierbarkeit der Potentiale muß sich an Wirtschaftlichkeitskriterien messen, wobei spezifische Probleme, wie deren Handhabungsnachteile und Angebotsschwankungen in die Betrachtung einzubeziehen sind.

Die Gewöhnung an niedrige Preise für fossile Energieträger stellt zweifellos das größte **Umsetzungshemmnis** dar. Es existieren nur wenige Nischen, in denen

[2] Vgl. Diekmann (1995)

erneuerbare Energiearten mit konventionellen Energieangeboten konkurrieren können.

Dabei handelt es sich um Energieerzeugung, die mit anderen Nutzeffekten in Verbindung steht (Beispiel: Schlammbehandlung durch Klärgas liefernde Faultürme) oder um Nutzungen, die der Eigenversorgung dienen und bei denen der Arbeitsaufwand i.d.R. unbewertet bleibt (Beispiel: Holzscheitfeuerung). Lediglich die Wasserkraftnutzung kann an günstigen Standorten mit konventioneller Stromerzeugung konkurrieren. Allerdings sind gerade in diesem Bereich umweltverträgliche Möglichkeiten weitgehend ausgeschöpft. Oft werden für große Windkraftanlagen der 500 kW-Klasse an Küstenstandorten ähnlich günstige Bedingungen unterstellt. Bei diesen zur Zeit kostengünstigsten Anlagentypen fehlen aber noch die Langzeiterfahrungen, die über tatsächlich anfallende Instandhaltungsaufwendungen im Laufe einer veranschlagten Lebensdauer von 20 Jahren Auskunft geben.

Langfristig ist jedoch davon auszugehen, daß sich die Kostenniveaus konventionell und regenerativ erzeugter Nutzenergiearten annähern. Bei den fossilen Energieträgern wird zunehmende Verknappung zu einem Preisanstieg führen und bei den regenerativen Energiearten sind noch erhebliche Kostensenkungspotentiale durch Massenfertigungen und Weiterentwicklungen vorstellbar.

Bei einigen Techniken bietet die aktuelle Kostensituation erneuerbarer Energiearten nur eine geringe Orientierung für zukünftige Massenanwendungen. Die mit Hilfe einer Photovoltaikanlage hergestellte Kilowattstunde Strom kostet unter deutschen Solareinstrahlungsverhältnissen gegenwärtig noch etwas unter 2 DM, und nur sehr große Anlagen erreichen ein Kostenniveau um 1,50 DM/kWh (zum Vergleich: Stromkosten für Privathaushalte ca. 0,25 DM/kWh). Wenn nicht die Erwartung bestände, daß eine Massenfertigung die Kosten auf etwa 0,50 DM/kWh und weniger senken könnte, dann müßte der mit dem in Tabelle 2 genannten Potential verbundene Ausbau eher als unrealistische Vision abgetan werden.

Eine zusammenfassende Darstellung zur aktuellen Kostensituation der erneuerbaren Energiearten ist aus Tabelle 3 zu entnehmen. Auf die Angabe der teilweise großen Kostenspannweiten ist verzichtet worden, weil es hier eher um eine pauschale Einordnung geht.

	Gegenwärtige Erzeugungskosten	Angebotsschwankungen	Energiebilanz Output/Input-Verhältnis
Strom:			
Photovoltaik		Tag/Nacht	4
Dächer	1,90 DM /kWh_e	saisonal witterungsbedingt	
Freiflächen	ca. 1,50 DM/kWh_e		
Wasserkraft			120
vorh.	ab ca. 5 Pf/kWh_e	gering saisonal witterungsbedingt	
neue Standorte	um 15 Pf/kWh_e		
Windkraft			37
(Stromkosten priv. Haushalte	25 Pf/kWh_e)		
Wärme:			
Geothermie	ca. 22 DM/GJ	—	3
solare Nahwärme	ca. 100 DM/GJ	Tag/Nacht saisonal	14
feste Biomasse:			
Energieplantagen	ab 25 DM /GJ	gespeicherte Energie	8 bis 20
Reststroh/holz	ab 20 DM/GJ		20
(Wärmekosten priv. Haushalte	30 DM/GJ)		
Brennstoff:			
Anaerobe Prozesse		weitgehend konstant	
Biogas	ab 20 DM/GJ		29
Klärgas	gering[1]		
Deponiegas	gering[2]		
(Erdgaskosten priv. Haushalte	12 DM/GJ)		
Kraftstoff:			
Rapsöl	43 DM/GJ	gespeicherte Energie	6
Rapsmetylester	50 DM/GJ		
Ethanol	76 DM/GJ		1,3
(Dieselölkosten incl. Steuer:	33 DM/GJ)		

1) im wesentlichen Fortleitungskosten, primär Abwasserbehandlungsmaßnahme

2) im wesentlichen Fortleitungskosten, die Entgasung geschieht aus Sicherheits- und Umweltschutzgründen

Tabelle 3: Einschätzungen zu gegenwärtigen Erzeugungskosten regenerativer Energiearten, natürliche Schwankungen im Energieangebot und Energie-bilanzen regenerativer Energiearten[3]

Insbesondere die direkte Solarenergie- und Windkraftnutzung weisen gegenüber fossilen Energiearten den Nachteil auf, daß es sich um fluktuierende Angebote handelt. Zur Entkopplung von Verbrauch und Erzeugung sind entweder teure Speichersysteme oder Einspeisungen in Netze erforderlich, die für eine Vergleichmäßigung des Absatzes sorgen. Die Einspeisung in das vorhandene Stromnetz stellt die günstigste Möglichkeit dar. Wenn allerdings die regionale Einspeisung das Ausgleichsvermögen der Netze überfordert, kommen relativ hohe Kosten für eine Netzverstärkung hinzu.

Es sind umfangreiche Betrachtungen für Deutschland angestellt worden, nicht Strom, sondern Wasserstoff wegen der günstigen Speicherbarkeit und verlustarmen Transportmöglichkeit als Sekundärenergieträger einzusetzen.[4] Bestandteil dieser Perspektive ist, die solare Erzeugung hauptsächlich in sonnenreiche, unbesiedelte Gegenden, wie der Sahara, anzuordnen und die erzeugte Energie per Rohrleitungen nach Deutschland zu transportieren.

Damit wird zugleich einem weiteren Nachteil vieler regenerativer Energiearten Rechnung getragen: die flächenbezogene Energieausbeute ist denkbar gering, so daß in Deutschland angesichts der dichten Besiedelung bei einer weitgehenden Ausschöpfung der technischen Potentiale von vornherein Konflikte mit Naturschützern und Anwohnern zu erwarten sind.

Feste Biobrennstoffe würden sich im Prinzip genauso wie fossile Energieträger eignen, fluktuierende Angebote anderer erneuerbarer Energiearten auszugleichen. Gegenwärtig erreichen sie allerdings nur eine akzeptable Wirtschaftlichkeit, wenn sie als Grundlastversorgungseinheit mit 7.000 Benutzungsstunden pro Jahr und mehr genutzt werden.

Aus Tabelle 2 geht hervor, daß das technische Potential für die Erzeugung fester Biobrennstoffe in Energieplantagen relativ niedrig angesetzt ist. Aber bei einer (darin nicht berücksichtigten) international angelegten deutschen Strategie würde dieser Beitrag weitaus höher ausfallen, weil Flächenrestriktionen dann nur noch eine geringe Rolle spielen. Für viele land- und forstwirtschaftlich schwach genutzte semiaride und aride Zonen könnten sich durch systematische, den jeweiligen Bedingungen angepaßte Bepflanzungen erhebliche Umweltvorteile und für die jeweiligen Länder zusätzlich Strukturverbesserungen ergeben. Zusätzlich würde das intensivierte Pflanzenwachstum zu einer zusätzlichen CO_2-Bindung beitragen. Diese Strategie kommt i. d. R. nur durch Engagement der Industrie-

[3] Vgl. Hartmann (1995)
[4] Vgl. Meisner (1993)

länder zustande, weil den in Frage kommenden Staaten die wirtschaftliche Potenz zum Aufbau einer entsprechenden Logistik fehlen würde.

Bei den aneroben Vergärungstechniken ist eher die vorhandene Konstanz des Energieangebotes und die aus wirtschaftlichen Gründen eng begrenzte Speicherbarkeit störend. Für Klärgas- und Deponiegaserzeugung kommt als typisches Problem hinzu, daß aufgrund der Abgeschiedenheit der Standorte meist nur eine Verstromung ohne Wärme-nutzung möglich ist.

Wie aus der Tabelle 3 hervorgeht, sind einige regenerative Energiearten durch erheblichen Energieaufwand für die Anlagenherstellung und/bzw. für den Betrieb belastet. Die Ethanolerzeugung führt nur unter ganz bestimmten Umständen zu einem Nettoenergiegewinn. Auch für die Geothermie, die Umgebungswärme nutzende Heizwärmepumpe (die in den Tabellen unberücksichtigt geblieben ist) und die Photovoltaik ist das Output/Input-Verhältnis in der Energiebilanz nicht so günstig.

2. Rahmenbedingungen erneuerbarer Energiearten in Deutschland

Die Voraussetzungen der regenerativen Energiearten müssen wesentlich verbessert werden, damit sie tatsächlich die erwünschte Bedeutung erlangen. Dies hängt zweifellos zu einem erheblichen Teil von den Rahmenbedingungen ab, die von politischen Gremien, Regierung und Verwaltung gesetzt werden. Entsprechend ist eine Analyse von Interesse, welchen ordnungsrechtlichen und förderpolitischen Bedingungen einzelne regenerative Energiearten in Deutschland unterliegen und inwieweit diese für aufstrebende bzw. stagnierende Tendenzen verantwortlich sind. Der Schwerpunkt der Betrachtung wird dabei auf die Analyse der aktuellen Situation gelegt. Doch vorab soll in einem Abschnitt auf frühere Offensiven und ursprünglich vorhandene Behinderungen eingegangen werden, deren Konsequenzen zum Teil noch spürbar sind.

2.1 Bisherige Entwicklung

In diesem Abschnitt geht es um eine Darstellung wesentlicher Akzente, die auf regenerative Energiearten beeinträchtigend oder fördernd gewirkt haben. Eine Darstellung der Entwicklung sämtlicher regenerativen Energiequellen ist also in diesem Zusammenhang entbehrlich.

In den 70er Jahren war die Förderpolitik in bezug auf regenerative Energiearten eher auf Exportmöglichkeiten für Entwicklungsländer abgestellt als auf eine Implementierung im Inland. In dieser Zeit einsetzende Eigenbauaktivitäten, die mit zunehmender Intensität einer Protestbewegung gegen Atomkraftwerke Zuspruch erfuhren, orientierten sich wenig an geltenden Bestimmungen, blieben aber auch weitgehend von der Förderpolitik ausgeklammert. Aus einigen Selbstbauinitiativen gingen Firmen hervor, die heutzutage noch eine bedeutende Markt- bzw. Entwicklungsstellung haben. In bestimmten Bereichen (z. B. bei Holzfeuerungssystemen incl. dazugehöriger Logistik) dominierten Angebote aus Skandinavien. Anfang der 80er Jahre begannen deutsche Firmen, die z. B. Gerätschaft für die Landwirtschaft herstellen, Anlagen zur Erzeugung regenerativer Energie in ihre Produktpalette mit aufzunehmen, wobei Erfahrungen der ursprünglichen Selbstbauinitia-tiven und aus Skandinavien in hohem Maße eingeflossen sind.

Die Pionierarbeit wurde oft durch überzogene Anforderungen der Genehmigungsbehörden bzw. der in ihrem Auftrag eingeschalteten Gutachter teils mangels eigener Erfahrungen, teils aber auch erschwert, weil regenerative Energiearten aufgrund des lang anhaltenden Richtungsstreits im Energiebereich (Kernkraft oder Solarenergie) vorbelastet waren. So war vielerorts zu beobachten, daß z. B. fortgeschrittenen Holzfeuerungsanlagen die Genehmigung verwehrt wurde, während sich gleichzeitig niemand daran störte, daß Brennholz in großem Stil in eigentlich nur für Kohle geeigneten Kesseln unter erheblicher Freisetzung von Emissionen verfeuert wird. Als anderes Extrem wurde z. B. zugelassen, daß etliche dänische sehr einfach gestaltete Strohfeuerungskessel installiert wurden, die auf eine Verfeuerung unzerlegter Großballen basieren und keine Einwirkungsmöglichkeiten auf Abbrandvorgänge erlauben. Aufgrund der damit verbundenen Rauchentwicklung brachten diese die Strohfeuerung insgesamt in Verruf.

Aber dennoch begann sich insbesondere für regenerative Energiearten, die der Wärmeversorgung dienen, ein reger Markt zu entwickeln. Die aufstrebenden Tendenzen wurden 1985 nach dem Verfall der Ölpreise jäh gestoppt, der für die deutschen Verbraucher eine Halbierung der Brennstoffpreise bewirkte. Alteingesessene Firmen, die ihr Standbein allzu sehr auf regenerative Energietechnik verlagert hatten, gerieten in Schwierigkeiten bzw. mußten sogar Konkurs anmelden. Technische Entwicklungen gerieten ins Stocken. Es begann eine Phase der Abhängigkeit von Förderprogrammen, die sich auf Entwicklungsaktivitäten der mittelständischen Industrie wenig belebend auswirkte. Ungestört ging die Entwicklung nur bei den Techniken voran, die der Stromeigenversorgung dienen. Mittlerweile wurde das Angebot an ausgereiften Motor-BHKW stetig verbessert. Im Abfall- und Abwasserbereich spielten verschärfte Anforderungen an Ressourcen- und Umweltschutz eine treibende Rolle.

Die Windkraftnutzung erwachte ab 1989 aus ihrer Lethargie. Zu diesem Zeitpunkt war in Dänemark bereits ein Windkraftboom zu verzeichnen, der allein durch Schaffung zuverlässiger Rahmenbedingungen (finanzielle Unterstützung, akzeptable Stromvergütung) ermöglicht wurde.

In Deutschland wurde 1989 ein umfassendes Förderprogramm aufgelegt, das zunächst ein Fördervolumen für 100 MW bereithielt und 1991 auf eine Nennleistungskapazität von 250 MW ausgedehnt wurde. Während in der ersten Phase relativ hohe Investitionszuschüsse gewährt wurden, konnte in der zweiten Phase zwischen unveränderten Investitions- und Betriebskostenzuschüssen gewählt werden. Anfangs beherrschten dänische Hersteller den deutschen Markt, aber allmählich kamen heimische Firmen immer mehr zum Zuge, so daß inzwischen der überwiegende Teil des Bestandes in Deutschland gefertigt ist.[5] Von 1988 bis 1990 war die installierte Windkraftleistung bereits von 9,6 auf 61,9 MW angewachsen.[6] Ab 1991 wurde mit Inkrafttreten des Stromeinspeisegesetzes eine angehobene Stromeinspeise-vergütung aus regenerativen Energiearten gesetzlich festgelegt, was auf eine Anhebung um ca. 8 bis 10 Pf/kWh hinauslief. Unter diesen Bedingungen war das 250 MW-Programm bereits 1994 erfüllt, obwohl in der Schlußphase engere Kriterien an die Förderfähigkeit gelegt wurden, um auch Erfahrungen mit ungünstigeren Binnenland-Standorten zu gewinnen. In den Jahren 1993, 1994 und 1995 verdoppelte sich jeweils die installierte Kapazität von Jahr zu Jahr, so daß inzwischen 2500 MW installiert sein dürften.[7]

Entscheidend für diesen Aufschwung ist nicht allein die erzielte Investitionssicherheit, sondern auch die daraufhin eingetretene Strukturverbesserung:

- Für Kapitalgeber und Versicherungen wird das Risiko mit zunehmenden Erfahrungen überschaubarer.
- Beteiligungsgesellschaften sind in der Lage, akzeptable Renditen zu garantieren.
- Der Transaktionsaufwand verringert sich durch zunehmende Vereinheitlichung der Genehmigungskriterien und -prozeduren, wodurch sich auch die Planungszeit verkürzt.
- Mit zunehmender Anlagendichte lassen sich kostengünstige Betriebsführungsmöglichkeiten schaffen (regionale Wartungsdienste etc.).
- Die Investitionskosten sinken durch zunehmende Konkurrenz der Anbieter.
- Die Entwicklungsaktivitäten nehmen einen Umfang ein, daß sich die Unterhaltung von Testinstitutionen lohnt, die durch Zertifizierungsverfahren zur Dauerhaftigkeit und Betriebssicherheit der Anlagen beitragen
- Der Erfahrungszuwachs bei einschlägigen Ingenieurbüros führt zu optimal dimensionierten und ausgestatteten Anlagen
- Das Beratungsangebot verbessert sich, so daß aufkommendes Engagement selten ins Leere verläuft, etc.

Ab 1996 wurde zunehmend bewußt, daß die aufgrund einer Rahmenrichtlinie der EU erforderliche Neuregelung des Energiewirtschaftsgesetzes eine Anpassung des Stromeinspeisegesetzes erforderlich machen würde. Der vorgesehene freie Wettbewerb ließ offenbar keinen Raum für die Aufrechterhaltung von Gebietsmonopolen, und so wurde es wahrscheinlich, daß dem Stromeinspeisegesetz in

[5] Vgl. Becker (1997)
[6] Vgl. Langniß (1997)
[7] Vgl. Johnsen (1998)

dem Punkt, der eine Abnahmepflicht des jeweiligen Gebiets-EVU festlegt, die Basis entzogen sein würde. Dies wurde von Teilen der Versorgungswirtschaft, die am stärksten unter den hohen Windstromvergütungen zu leiden hat, als Gelegenheit gesehen, eine deutliche Absenkung der gesetzlichen Einspeisevergütung zu erwirken bzw. das Stromeinspeisegesetz sogar insgesamt abzuschaffen. Eine entsprechende im politischen Raum ausgetragene Diskussion wirkte sich schädlich auf die Zubauaktivitäten der Windkraftbranche aus bzw. führte zumindest zu Vertrauensverlusten.[8] Der Aufwärtstrend jährlich neu errichteter Windkraftanlagen geriet ins Stocken, und ein großer Hersteller mußte sogar Konkurs anmelden.

Zwar hat das Stromeinspeisegesetz die im April 1998 in Kraft getretene Novelle des Energiewirtschaftsgesetzes überlebt, jedoch wurde es um Bestimmungen erweitert, die eine Begrenzung des auf Sondervergütung basierenden Stromanteils in Bezug zum jeweiligen gesamten Stromabsatz vorsieht. Diese Deckelung einerseits und Angriffspunkte der geltenden Fassung des Stromeinspeisegesetzes andererseits, die zu einer nicht chancenlosen Verfassungsklage eines Verbundunternehmens geführt haben, stellen in jüngster Zeit hinzugekommene Unsicherheiten dar. Anhand der deutschen Entwicklung der Windkraftnutzung wird deutlich, wie wichtig die Schaffung und Beibehaltung zuverlässiger Rahmenbedingungen ist. Auf die Ausgestaltung des in Verbindung mit dem Energiewirtschaftsgesetz novellierten Stromeinspeisegesetz wird in Abschnitt 2.2.1 eingegangen.

Die positiven Erfahrungen im Windkraftbereich ermunterten dazu, 1990 auch im Photovoltaikbereich ein Markteinführungsprogramm zu starten. Dies sog. 1000-Dächer-Programm, was von Bund und Ländern getragen wurde und einen Investitions-kostenzuschuß von 70 % vorsah, führte bis zum Abschluß der Antragsfrist in 1993 zu insgesamt 2250 Anlagen mit einer Leistung zwischen 1 und 5 kW. Das Programm enthielt eine Evaluierung und wurde meßtechnisch begleitet.[9] Im Endeffekt hat es zwar zu technischen Weiterentwicklungen geführt, aber einen Aufschwung wie im Windkraftbereich konnte es nicht bewirken. In unmittelbarer Folge des Programms hat sich Deutschland keine bedeutende Solarzellen-Produktion etabliert.[10] Die Anzahl der im Rahmen des Programms eingebauten Photozellen war viel zu gering, um bedeutende Kostensenkungseffekte zu bewirken. Auch in Verknüpfung mit dem während der Laufzeit eingeführten Stromeinspeisegesetz kam es nicht zu Selbstläufereffekten. Wie in 2.2.4 gezeigt bietet die neuerdings in einigen Städten eingeführte „kostendeckende Vergütung“

[8] Dabei ist zu bedenken, daß selbst bei einer Beibehaltung der Vergütungssätze des Stromeinspeisegesetzes in der Zukunft geringere Einspeisevergütungen zu erwarten sind. Denn die mit der Novellierung des Energiewirtschaftsgesetzes beabsichtigte Liberalisierung des Elektrizitätsmarktes soll ja zu einer Absenkung des Strompreisniveaus führen. Entsprechend wird der für die Bemessung der Einspeisevergütung maßgebliche Durchschnittserlös sinken.

[9] Vgl. Sandtner (1996)

[10] Vgl. Solarthemen (18/1997 S.37)

weitaus größere Chancen, zu einer großen Verbreitung von Photovoltaikanlagen zu kommen.

Möglicherweise hätte ein entsprechend ausgestattetes Programm im Bereich energetischer Biomassennutzung zu einem weitaus bedeutenderen Markteinführungseffekt geführt. Kraft-Wärme-Kopplung auf der Basis von Biomasse erfuhr jedenfalls nach der Einführung des Stromeinspeisegesetzes nur eine zögerliche Belebung. Erst eine mit der neuesten Novellierung des Stromeinspeisegesetzes zustande gekommene Aufhebung der Einschränkung, nach der nur die energetische Verwertung von land- und forstwirtschaft-lichen Bioabfällen sowie Klär- und Deoniegas einbezogen sind, kann als Unterstützung einer beschleunigten Entwicklung gewertet werden.

2.2 Gegenwärtige Rahmenbedingungen

2.2.1 Windenergie

Im Rahmen von Windkraftprojekten sind in Deutschland das Baurecht, das Bundesnaturschutzgesetz, das Bundesimmissionsschutzgesetz und das Energiewirtschafts-gesetz zu beachten.[11]

Das **Baugenehmigungsverfahren** beinhaltet statische Berechnungen (Standsicherheit und Dauerhaftigkeit), die sich auf Typenprüfungen abstützen, Nachweise der Betriebssicherheit, der sicherheitstechnischen Ausstattung, die Einhaltung von Mindestabständen zu Nachbargrundstücken etc., eine Überprüfung der Kompatibilität mit bestehenden Bebauungs- bzw. Flächenutzungsplänen, der Flugsicherheit gemäß Luftverkehrsgesetz, möglicher Beeinträchtigungen durch elektromagnetische Interferenzen (z. B. im Rahmen von Richtfunktrassen), durch Reflexionen und Schattenwurf, Beeinträchtigungen des Landschaftsbildes etc. In Einzelfällen können Windkraftprojekte auch durch das Denkmalschutzgesetz, das Straßenrecht, das Wasserstraßenrecht und das Schutzbereichsgesetz (militärische Anlagen) tangiert sein.

Als Neuregelung ist seit dem 1.1.97 eine Privilegierung von Windkraftanlagen in sog. Außenbereichen (außerhalb von bebauten Ortsteilen) in Kraft getreten, die allerdings nicht besagt, daß beliebige Standorte im Außenbereich zulässig sind. Einige der o. g. Kriterien wie z. B. Vermeidung einer Beeinträchtigung des Landschaftsbildes müssen nach wie vor beachtet werden. Bis spätestens 31.12.1998 haben Gemeinden und Landesplanungs-behörden die Möglichkeit, einen „Wildwuchs“ durch Aufstellung von Flächenutzungs-plänen bzw. Regionalplänen zu verhindern, in denen Eignungs- und Konzentrationszonen für Windenergieanlagen ausgewiesen werden. Diese Festlegungen sind selbstver-

[11] Vgl. Forschungsgruppe Windenergie (1997); Hartmann (1995)

ständlich nur sinnvoll, wenn ein günstiges Windangebot, die Nähe zu Umspannwerken und gegebene Naturschutz und Landschaftspflegeauflagen beachtet sind.

Insbesondere die Belange des **Naturschutzes** und der Landschaftspflege stellen in windgünstigen Gebieten angesichts der bereits vorhandenen Dichte an Windkraftstandorten einen bedeutenden Zielkonflikt dar. Im Vordergrund werden dabei oft die Einflüsse auf die Tierwelt, insbesondere auf seltene Vogelarten, gesehen. Aus diesem Grunde werden Windkraftanlagen in einigen Fällen nur genehmigt, wenn die Erstellung mit zusätzlichen landschaftspflegerischen Ausgleichs- und Ersatzmaßnahmen verknüpft wird. Von Naturschutz-, Feucht- und Vogelschutzgebieten sind mindestens Abstände von 200 m einzuhalten, und, wenn der Schutz seltener Vogelarten eine Rolle spielt, sogar von 500 m.

Auf der Basis des **Bundesimmissionsschutzgesetzes** kommt es zur Festlegung von Mindestabständen von 200 bis 500 m zu Bebauungsgebieten, die eine Beeinträchtigung durch Störgeräusche verhindern sollen. Diese Abstandsregeln können vor allem bei geplanten Windkraftanlagen in Städten Probleme bereiten. Denn oft kommt es gerade in Städten zu Initiativen, Windkraftanlagen zu errichten, sei es um Umweltbewußtsein zu demonstrieren oder um sichtbare Zeichen zu setzen, die Zukunft liege in den regenerativen Energiearten.

Das Energiewirtschaftsgesetz verlangt vom Betreiber einer Windkraftanlage, daß das für das jeweilige Gebiet zuständige Elektrizitätsversorgungsunternehmen von der Stromerzeugung in Kenntnis gesetzt wird. Nach der Gewerbeordnung sind Windkraftanlagen bisher nicht überwachungspflichtig, jedoch ist eine solche Erweiterung nach dem Energiewirtschaftsgesetz möglich. Hiervon wird in einigen Ländern bereits Gebrauch gemacht. So ist in Schleswig-Holstein für in privater Hand betriebene Anlagen eine Überprüfung alle zwei Jahre vorgeschrieben.

Für die Stromeinspeisung in das öffentliche Netz gelten vom Dachverband der deutschen Stromversorgungsunternehmen (VDEW) entwickelte Technische Anschlußbedingungen. Insgesamt kann bezüglich der technischen Ausgestaltung von Windkraftanlagen von zuverlässigen Rahmenbedingungen ausgegangen werden, während bezüglich der Anordnung oder der prinzipiellen Zulassung von Anlagen erhebliche Ermessungsspielräume gegeben sind.

Die Gemeinde als maßgebliche Instanz des Genehmigungsverfahrens steht Windkraftprojekten oft zwiespältig gegenüber. Einerseits beschert die Errichtung und der Betrieb der Windkraftanlage der Gemeinde Steuereinnahmen, andererseits steht die Furcht im Raum, mit jedem hinzukommenden Windkraftprojekt althergebrachte Qualitäten des Ortes zu verlieren.

Wie bereits dargestellt, hat die Windkraft in idealer Weise von der bestehenden Konstruktion des Stromeinspeisegesetzes profitiert. Da aber die günstigen Windkraftmöglichkeiten im wesentlichen auf die Küstengebiete beschränkt sind, benachteiligt es die dort zuständigen Stromversorgungsunternehmen. Nach der Novellierung des Stromeinspeisegesetzes bezieht sich die Abnahmepflicht auf den Netzbetreiber des jeweiligen Gebiets bzw. auf „das Unternehmen, zu dessen für die Einspeisung geeignetem Netz die kürzeste Entfernung vom Standort der Anlage besteht" (§ 2). Um die Belastung einzelner Versorgungsunternehmen in Grenzen zu halten, ist mit § 4 eine Härteklausel vorgesehen: Wenn der nach dem Stromeinspeisegesetz zu vergütende Teil 5 % des Gesamtabsatzes eines Unternehmens überschreiten würde, dann muß die Sondervergütung des überschüssigen Teils vom vorgelagerten Unternehmen übernommen werden. Wenn kein vorgelagertes Unternehmen vorhanden ist, entfällt oberhalb der 5%-Grenze die Pflicht, neu hinzukommende Anlagen auf der Basis der Sondervergütung zu berücksichtigen. Diese Voraussetzung wird bei ungebrochenem Windkraftzubau im Gebiet des Verbundunternehmens PreussenElektra etwa zur Jahrhundertwende erfüllt sein, so daß auch ungeachtet der anhängigen Verfassungsklage gegen das Stromeinspeisegesetz eine baldige Nachbesserung erforderlich sein wird. Um der Ablehnung der gesetzlichen Einspeisevergütung durch ungünstig betroffene Energieversorgungsunternehmen entgegenzutreten, wäre es in jedem Fall sinnvoll, zu einer bundesweiten Umverteilung der Sonderlasten zu kommen. Derartige Fondlösungen würden sich wahrscheinlich als zu bürokratisch erweisen bzw. lassen sich schwer im ordnungsrechtlichen Rahmen verankern. Die Energiewirtschaft würde eher ein Quotenmodell befürworten, nach der eine Verpflichtung besteht, einen festgelegten Anteil des Stromabsatzes auf der Basis regenerativer Energiequellen herzustellen bzw. einzukaufen (siehe Abschnitt 3). Die Windkraftbranche möchte dagegen keineswegs auf die gesetzlich festgelegte Vergütung in aktueller Höhe verzichten (90% der vom statistischen Bundesamt ermittelten Durchschnittserlöse bei der Belieferung aller Letztverbraucher bezogen auf das vorletzte Jahr, entsprechend 16,8 Pf/kWh für 1998 und 16,5 Pf/kWh für 1999). Das Einspeisegesetz enthält in §4a einen Appell, der Energieversorger zu einer freiwilligen Selbstverpflichtung bzgl. einer Steigerung des Anteils regenerativer Stromerzeugung und der Kraft-Wärme-Kopplung auffordert. Jedoch zeigt sich bereits, daß vor dem Hintergrund des aufkommenden Wettbewerbs im Elektrizitätsmarkt wenig Spielraum für Eigeninitiativen besteht. Allzu leicht kann ungleiches Engagement zu Wettbewerbsnachteilen führen.

2.2.2 Wasserkraftnutzung

Die Wasserkraftnutzung, die üblicherweise mit einem Aufstau von Fließgewässern, einer Wasserentnahme im Oberwasser und eine Wiedereinleitung im Unterwasser verbunden ist, stellt einen erheblichen Eingriff in den natürlichen Flußlauf und dessen Einzugsbereich dar. Aus diesem Grunde unterliegen Wasserkraftanlagen in Deutschland dem **Wasserhaushaltsgesetz**, das für neue Anlagen aufgrund der damit verbundenen Gewässerumgestaltung (z. B. bei nicht vorhandenem Aufstau) ein aufwendiges Planfeststellungsverfahren vorsieht und das in den meisten Fällen eine Umweltverträglichkeitsprüfung beinhaltet.[12] In Anbetracht der dichten Besiedlung, der Nutzungsintensität der Land- und Forstwirtschaft und bestehender Naturschutz- und Landschaftsschutzauflagen für ungenutzte Flächen werden in Deutschland generell nur sehr eingeschränkte Möglichkeiten für neue Anlagen gesehen. Es entspricht wahrscheinlich den Tatsachen, daß vor dem Hintergrund des wenig abwägbaren Genehmigungsverfahrens so leicht niemand bereit ist, derartige mit erheblichem Planungsaufwand verbundene Vorleistungen einzubringen.

Entsprechend ist das technische Potential gemäß Tabelle 2 nur geringfügig höher angesetzt als die heutige Stromerzeugung in Wasserkraftanlagen. In der Differenz sind eher nur Reaktivierungen und Optimierungen vorhandener Anlagen verborgen. Dabei besteht oft die Gefahr, daß die Genehmigung zur Anlagenmodernisierung mit einer Erhöhung bereits existierender Auflagen verbunden ist. Einen häufigen Streitpunkt stellt die behördlich geforderte Mindestabflußmenge im ursprünglichen Flußbett (die sog. Restwassermenge) dar, die die erzeugbare Leistung der Wasserkraftanlage schmälert. Hierzu existieren in den Bundesländern unterschiedliche Vorgaben.[13] Ökologische Ausgleichsmaß-nahmen, Naturschutzauflagen, der Einbau einer Fischtreppe etc. können z. B. im Fall einer Reaktivierung, die mit einer Modernisierung verbunden ist, erhebliche Baukostenanteile verursachen.

Eine im Wasserhaushaltsgesetz verankerte Besonderheit ist, daß die Wasserbehörde das Nutzungsrecht entziehen kann, wenn es mindestens drei Jahre nicht ausgeübt worden ist. Je nach Handhabung in der Praxis gehen damit eine Fülle von ursprünglich vorhandenen Standorten für kleine Anlagen nach und nach verloren.

Das Wasserhaushaltsgesetz beinhaltet zudem eine Vorgabe, die zu erheblichem Betriebs-aufwand führt: Zum Schutz der mechanischen Anlagen aufgefangenes Rechengut darf nicht wieder in das Gewässer eingebracht werden, so daß beträchtliche Abfallentsorgungs-kosten entstehen. Bei großen Anlagen ist der Anfall so hoch, daß sich sogar der Betrieb von großen Hackschnitzelfeuerungsanlagen zur Wärmeversorgung lohnt. Bei Modernisierungs- und Reaktivierungsmaßnahmen sind zudem **bau**rechtliche Bestim-mungen und Vorgaben des Energiewirtschaftsgesetzes zu beachten.

Das **Stromeinspeisegesetz** regelt die Einspeisevergütung für Anlagen bis zu 5 MW Generatorleistung (größere Anlagen befinden sich ohnehin in der Hand regionaler Netzinhaber). Allerdings ist für Wasserkraft ein niedrigerer Vergütungssatz festgelegt als bei Windkraft und Photovoltaik, der für Wasserkraftanla-

[12] Vgl. Rotarius (1991)
[13] Vgl. Hartmann (1995)

gen über 500 kW eine weitere Abminderung beinhaltet. Für 1998 bringt die eingespeiste Kilowattstunde bei Wasserkraftanlagen unter 500 kW 0,149 DM ein (entsprechend 80 % der maßgeblichen Durchschnittserlöse, siehe 2.2.1), bei Anlagen über 500 kW zwischen 0,149 und 0,121 DM (linear abnehmend bis 5 MW, wobei die untere Grenze 65 % der maßgeblichen Durchschnittserlöse entspricht) je nach durchschnittlicher Monatshöchstleistung (zum Vergleich Windkraftanlagen erhalten 1998 0,168 DM/kWh unabhängig von der Leistung).

Zinsgünstige Kredite und steuerliche Abschreibungsmöglichkeiten stellen die generell erhältliche staatliche Unterstützung dar. Daneben bestehen in Einzelfällen Chancen, Investitionszuschüsse aus Programmen einzelner Bundesländer oder von der EU zu erhalten.

2.2.3 Geothermie

Die Nutzung von geothermischen Energieressourcen berührt vor allem die Bereiche Wasserrecht, Bergrecht und Baurecht.[14] Entsprechend sind geologische Landesämter, Wasserwirtschafts-, Berg- und Bauämter hinzuzuziehen. Es ist vor allem der Nachweis zu erbringen, daß Grundwasser-vorkommen nicht verunreinigt werden, daß z. B. genutztes Thermalwasser in den Speicher-horizont rückgeführt und dadurch für eine Erhaltung der Ressource gesorgt wird bzw. eine hinreichende Neubildung sichergestellt wird etc.

Eine Mehrfachnutzung und damit ein Verzicht auf Rückleitung kann die Wirtschaftlichkeit einer Erschließung wesentlich verbessern. Allerdings ist zu bedenken, daß Thermalwasser, sofern es dauerhaft entnommen werden kann, im norddeutschen Raum salzhaltig ist und nicht ohne weiteres in Vorfluter geleitet werden kann.

Für die Pumpenanlagen und eine möglicherweise zwischengeschaltete Wärmepumpe sind Auflagen zur Beschrängung der Geräuschemissionen zu beachten und wenn Antriebe mittels Verbrennungsmotoren erfolgen, kommen Vorschriften zur Begrenzung der Abgas-Schadstoffanteile hinzu.

2.2.4 Photovoltaik

Photozellenmodule werden üblicherweise in Dachflächen integriert. Die Anordnung an Fassaden kommt selten vor, und zur Freilandaufstellung gibt es erst wenige Beispiele in Deutschland. Wenn von technischen Vorschriften abgesehen wird, die der Betriebs-sicherheit und der Vermeidung von Unfällen dienen, sind bei gebäudeintegrierten Anlagen nur wenige gesetzliche Regelungen zu beach-

[14] Vgl. Forum für ZukunftsEnergiearten (1992); Hartmann (1995)

ten. In mehreren Bundesländern ist nicht einmal eine Baugenehmigung erforderlich, sondern allenfalls eine Anzeigepflicht vorhanden. Die Belastung durch Module in der Größenordnung von 0,25 kN/m² (25 kg/m²) liegt innerhalb der zulässigen Toleranz der für Dächer geltenden statischen Normen, so daß in der Regel auch kein Tragfähigkeitsnachweis erforderlich ist.[15]

Probleme können in Ausnahmefällen aufgrund des Denkmalschutzgesetzes entstehen, wenn Solarzellen für denkmal- oder ensemblegeschützte Häuser als zu fremdartig abge-lehnt werden.

Wie im Abschnitt 2.2.1 (Windkraft) genannt, ist gemäß Energiewirtschaftsgesetz die geplante Stromeinspeisung in das öffentliche Netz dem zuständigen EVU anzuzeigen und es sind allgemein gültige technische Anschlußbedingungen zu beachten. Es wird ohnehin empfohlen, die Konzeption und den Einbau erfahrenen Firmen zu überlassen, weil in den Details eine große Zahl an Normen und Vorschriften zu berücksichtigen sind.

In Anbetracht der noch hohen Investitionskosten ist zur Zeit kein wirtschaftlicher Anreiz für Photovoltaik gegeben. Auch wenn lokal erhältliche Investitionskostenzuschüsse in Verbindung mit der Einspeisevergütung gemäß dem Stromeinspeisegesetz (1998 16,8 Pf/kWh wie bei Windkraft) einfließen, bleiben sie i. d. R. im unwirtschaftlichen Bereich. Für viele Betreiber stellt es ein hinreichendes Motiv dar, sich aus Umweltschutzgründen für eine Photovoltaikanlage zu entscheiden (bzw. durch Aufstellung einer Photovoltaik-Anlage Umweltschutzbewußtsein demonstrieren zu können).

Aufgrund lokaler Initiativen ist es in einigen Gemeinden zu Übereinkünften bzgl. einer sogenannten „kostendeckenden Vergütung“ gekommen, nach denen die jeweiligen kommunalen Energieversorgungsunternehmen die Einspeisevergütung nach den tatsächlich anfallenden Kosten ausrichten. Aus der Sicht der Betreiber handelt es sich damit um wirtschaftliche Photovoltaikanlagen. Die damit verbundene Dauersubvention wird wiederum auf die Gesamtheit der Tarifkunden des Energieversorgungsunternehmens umgelegt, indem eine geringfügige Anhebung der Stromtarife erfolgt, die dann allerdings von der Landes-Energiepreisaufsichts-Behörde zu genehmigen ist. Im Mai 1997 hatten sich bereits 26 Städte diesem Modell angeschlossen. Die damit verbundenen Tarifanhebungen betrugen zu dem Zeitpunkt maximal 0,3 Pf/kWh.[16]

[15] Vgl. Hartmann (1995)
[16] Vgl. Solarthemen (17/1997 S.4)

2.2.5 Solarthermie

Sonnenkollektoranlagen werden überwiegend zur Brauchwassererwärmung und zur Schwimmbadbeheizung betrieben. Daneben sind in Deutschland erste Projekte realisiert, in denen mit Hilfe großer Kollektorfelder und saisonaler Speicher in Verbindung mit Nahwärmesystemen hohe solare Deckungsbeiträge bei der Gebäudeheizung erreicht werden (sog. „solare Nahwärmesysteme"). Die dach- und gebäudeintegrierten Kollektorsysteme sind wie Solarzellenanlagen (siehe 2.2.4) nur mit geringen genehmigungstechnischen Hürden verbunden. Die Bodenaufstellung, die bei solaren Nahwärmesystemen eine Rolle spielen kann, wird unter Umständen erst ab einer Bauwerkshöhe von 0,8 m Höhe baugenehmigungspflichtig.

Bei Großspeichern im Rahmen solarer Nahwärmesysteme sind Wasserschutzbestimmungen zu beachten. Ebenso sind aus Gründen des Trinkwasserschutzes bei solarer Brauchwassererwärmung unter bestimmten Voraussetzungen nur lebensmittelechte Frost-schutzmittel zugelassen.

Bei Anlagenstillstand dürfen keine unzulässig hohen Drücke entstehen. So sind beispielsweise bei solaren Nahwärmesystemen Sicherheitsventile auf der Basis einer Dampfkesselverordnung erforderlich. Es gilt das Prinzip, daß die verwendeten Kollektoren im Rahmen einer Bauartenzulassung geprüft sein müssen oder daß eine eigenständige gutachterliche Prüfung im Einzelfall erfolgen muß. Daneben sind einschlägige technische Normen zu erfüllen (z. B. DIN 4757, die sich direkt auf solarthermische Anlagen bezieht).

Ein Vorstoß des Berliner Senats, eine Verordnung zu erlassen, die für Neubauten den Einbau von Solarkollektoren vorschreibt, konnte sich schließlich nicht durchsetzen. Für solare Brauchwassererwärmung werden von Bund, Bundesländern, Gemeinden und EVU Investitionskostenzuschüsse angeboten[17], deren Höhe sich meist an Kollektorflächen orientiert. In vielen Fällen sind die bereitgestellten Mittel innerhalb sehr kurzer Fristen erschöpft bzw. oft ist die Förderhöhe relativ gering. Langfristiger Natur sind dagegen Programme, in denen zinsgünstige Darlehen angeboten werden, bzw. Zulagen im Rahmen der Wohnungsbauförderung des Bundes für ökologische Maßnahmen.

2.2.6 Feste Biomasse

Hinter der energetischen Verwertung von fester Biomasse verbirgt sich, wie im Abschnitt 1 gezeigt, ein großes Spektrum an Umwandlungstechniken und Einsatzstoffen. In diesem Abschnitt soll nur auf die zur Zeit bedeutendste Form, die direkte Verfeuerung von Reststoffen eingegangen werden, wobei die Verwertung

---

17 Vgl. Solarthemen (20/1997 S.5)

von Waldschwachholz und von Reststroh im Vordergrund steht. Es geht um Feuerungsanlagen zur Beheizung von Einfamilienhäusern bis hin zu großen Anlagen in Heizwerken bzw. Heizkraftwerken im Rahmen von Nah-/Fernwärmesystemen.

Je nach Größenordnung und Bedarf an peripheren Anlagen ist eine unterschiedliche Anzahl von Behörden und öffentlichen Stellen mit einzubeziehen. Am bedeutendsten sind zunächst die immissionsschutzrechtlichen Bestimmungen (Bundesimmissionsschutzgesetz und -verordnungen sowie die Technische Anleitung Luft), die in allen Größenordnungen hohe Qualitätsansprüche an die Feuerung stellen.[18]

Es läßt sich ohne weiteres feststellen, daß in Deutschland eine stetige Anpassung der Grenzwerte an den erreichten technischen Stand erfolgt ist. Gegenüber öl- oder gasbetriebenen Feuerungsanlagen wiesen die Feststoffeuerungen ursprünglich den Nachteil auf, hohe Staubemissionen und einen hohen Ausstoß an unvollständig verbrannten Kohlenwasserstoffverbindungen zu verursachen (letztere werden durch erhöhte Kohlenmonoxidwerte angezeigt). Durch entsprechende Feuerraumgestaltung, abgestufte Luftzuführung und Rückhaltetechniken auf der Abgasseite konnten erhebliche Verbesserungen herbeigeführt werden, die sich zum Teil auch positiv auf erreichte Feuerungswirkungsgrade auswirken. Eine Übersicht zu den aktuellen Emissionsgrenzwerten in Abhängigkeit von der Anlagennennleistung ist in Tabelle 4 angegeben.

Hervorzuheben ist, daß für Strohfeuerung bereits ab 100 kW sehr hohe Anforderungen gelten, die bei Nutzung von unbehandeltem Holz erst ab 1 MW vorgesehen sind. Bei Verwendung von kontaminierten Althölzern kommen gegenüber der Tabelle 4 schärfere Bestimmungen zum Tragen und vor allem wird in diesem Fall ein aufwendiges Genehmigungsverfahren vorausgesetzt.

Für den Betrieb von Kraft-Wärme-Kopplungsanlagen gibt es erst wenige Beispiele in Deutschland. Dabei handelt es sich entweder um Anlagen der holzverarbeitenden Industrie, die i. d. R. auf Dampfturbinen basieren und die sich nur rechnen, weil keine Brennstoffkosten zu berücksichtigen sind, oder neuerdings auch um Holzvergaser in Verbindung mit Motor-BHKW, die in der Lage sind, kontaminiertes Abfallholz zu verwerten.[19] Für diese Bereiche hat sich das Stromeinspeisegesetz offenbar nur gering ausgewirkt, weil die Stromeigenverwertung meist höhere Gutschriften einbringt. Für KWK-Anlagen auf der Basis von biogenen Festbrennstoffen können für Anlagen bis zu einer elektrischen Leistung von 5 MW Einspeisevergütungen gemäß Stromeinspeisegesetz in Anspruch genommen werden (1998: 14,9 Pf/kWh).

[18] Vgl. Hartmann (1995)
[19] Vgl. Schulz (1997)

In Kleinfeuerungsanlagen ist lediglich die Verfeuerung von naturbelassenem Holz zugelassen. Es wäre gerechtfertigt, hierfür auch die Feuerung von Preßlingen z. B. aus Sägemehl, Stroh oder Späne zuzulassen, weil diese aufgrund günstiger Abbrandeigenschaften relativ geringe Anforderungen an die Feuerungstechnik stellen. Ein Widerspruch im bestehenden Regelwerk ist auch, daß für handbeschickte Holzfeuerungs-anlagen nach einer Messung bei Inbetriebnahme keine weiteren Emissionsmessungen vorgeschrieben sind, während für mechanisch beschickte Anlagen, die ein deutlich günstigeres Emissionsverhalten aufweisen, ab 15 kW jährlich wiederkehrende Emissions-überprüfungen erforderlich sind.[20]

Ein Problem der Biobrennstoffeuerung ist, daß Teillastzustände die Feuerungsqualität abmindern und mit erhöhten Emissionen verbunden sind. Für handbeschickte Anlagen mit mehr als 15 kW ist inzwischen Vollastbetrieb vorgeschrieben, sofern die Einhaltung der Emissionsgrenzwerte im Teillastbetrieb nicht auf anderem Wege gewährleistet werden kann. Die Alternative wäre die Integration eines hinreichend großen Pufferspeichers. Ein weiteres Problem stellen Qualitätsschwankungen der Brennstoffe dar, die auch bei guten Anlagen zu Immissionsproblemen führen können. Eine Normung, die Biobrennstoff-standards festlegt, ist bislang nur für Holzbriketts entwickelt worden.

Neben den immissionsschutzrechtlichen Belangen nehmen bei großen Anlagen baurecht-liche Fragen sowie brandschutzrechtliche Bestimmungen einen breiten Raum ein. Als gewerberechtliche Vorschriften sind Fragen des Arbeitsschutzes sowie der allgemeinen Sicherheit zu klären, und unter Umständen sind auch wasserrechtliche Genehmigungen einzuholen. Hersteller und Planer haben Normen in vielen Details zu beachten.

Abschließend läßt sich hierzu feststellen, daß keineswegs schärfere Regeln eingeführt sind als bei konventionellen Techniken, die ähnliche Gefahrenpotentiale aufweisen. Es läßt sich durchaus feststellen, daß sich genügend technische Lösungen auf dem Markt befinden, die den Anforderungen gerecht werden.

Es fehlen außer in dem Bundesland Bayern Förderprogramme, die auf eine breite Markteinführung abzielen. Anreize bestehen durch allgemeine steuerliche Erleichterungen, die Gewerbebetrieben für betriebliche Investitionen zugestanden werden und durch in Einzelfälle erhältliche Investitionszuschüsse.

---

[20] Vgl. Hartmann (1995)

Anlagen-nennleistung	Bezugssauer-stoff [Vol. %]	Emissionsgrenzwerte				
		CO [g/m³ₙ][1)]	Staub [mg/ m³ₙ]	Ges.C[1] [mg/ m³ₙ]	NOₓ[2)] [mg/ m³ₙ]	SO₂ [g/ m³ₙ]
Emissionsgrenzwerte bei der Verfeuerung von unbehandeltem Holz:						
15-50 kW	13	4	150	-	-	-
50-150 kW	13	2	150	-	-	-
150-1000 kW	13	1	150	-	-	-
500-1000 kW	13	0,5	150	-	-	-
1 - 5 MW	11	0,25	150	50	500	2,0
5 - 50 MW	11	0,25	50	50	500	2,0
Emissionsgrenzwerte bei der Verfeuerung von Stroh und ähnlichem pflanzlichen Material:						
15-100 kW	13	4	150	-	-	-
0,1 - 5 MW	11	0,25	150	50	500	2,0
5 - 50 MW	11	0,25	50	50	500	2,0

1) flüchtige organische Kohlenstoffverbindungen werden als „Gesamt-Kohlenstoff" (Ges.C) angegeben
2) angegeben als Stickstoffdioxid (NO_2)
3) 1 m^3_n = Normkubikmeter bei 0°C und 1013 mbar

Tabelle 4: Emissionsgrenzwerte für Biomasse-Feststofffeuerungen[3)21]

2.2.7 Anaerobe Prozesse

Die anaerobe Vergärung, die mit der Freisetzung von Biogas verbunden ist, wird im Rahmen von Abwasserbehandlungsanlagen betrieben. Sie gewinnt zunehmende Bedeutung bei der Behandlung gewerblicher Abwässer und Schlämme sowie bei der Behandlung von biogenen Hausmüllanteilen und von Tierfäkalien in der Landwirtschaft. Anaerobe Prozesse in Mülldeponien führen ebenfalls zu einer beträchtlichen Freisetzung eines mit Biogas vergleichbaren Gasgemisches (Deponiegas). In dem letztgenannten Fall sind lediglich Gassammlungssysteme in Deponiekörper zu integrieren, während in den anderen Fällen beheizte Gärbehälter zu errichten sind, die je nach Schlamm/Abwasserbeschaffenheit sehr unterschiedlich gestaltet sind. Aufgrund des großen Einsatzspektrums und erforderlicher Nachbehandlung bzw. Weiterverwendung der aus dem Prozeß hervorgehenden Endprodukte ist bei diesen Verfahren eine beträchtliche Zahl an Gesetzen, Verordnungen, Normen und Richtlinien zu beachten[22], so daß sich hier nur wesentliche Grundzüge darstellen lassen.

21 Vgl. Hartmann (1995 S. 345)
22 Vgl. Schachtner (1993); Hartmann (1995)

Einen gewissen Auftrieb erhält die anaerobe Behandlung von häuslichen und gewerblichen Abfällen durch das 1996 in Kraft getretene **Kreislaufwirtschafts- und Abfallgesetz**, das eine stoffliche bzw. energetische Verwertung vorschreibt und über die dazugehörige technische Anleitung Siedlungsabfall eine Beseitigung unbehandelter biogener Anteile auf Deponien nach dem Jahre 2005 verbietet. Das Gesetz führt zum Erlaß neuer Verordnungen, die jeweils Vorgaben für einzelne Abfallarten präzisieren.

Weiterhin hat eine durch das **Stromeinspeisegesetz** ermöglichte Verbesserung der Energieerlöse Interesse geweckt. Allerdings beschränkt sich die gesetzliche Stromeinspeisevergütung (bezogen auf 1998) bei Klärgas und Deponiegas auf 0,121 bis 0,149 DM/kWh[23] (gegenüber 0,168 DM/kWh bei Windkraft) und bezieht sich nur auf Anlagen bis zu 5 MW_e. Da Kläranlagen durchgängig einen hohen Stromeigenbedarf haben und nur geringe Überschußmengen einspeisen, ist nicht einzusehen, warum auch hier eine Begrenzung vorgesehen ist, die sich auf installierte Leistung bezieht. Für landwirtschaftliche und mit gewerblichen Reststoffen beschickte Biogasanlagen gelten gegenwärtig bis zu 5 MW_e 0,149 DM/kWh Einspeisevergütung unabhängig von der installierten elektrischen Leistung. Die gewerblichen Reststoffe waren bis vor der 1998 vorgenommenen Neufassung ausgeklammert gewesen.

Bei vielen landwirtschaftlichen Biogasanlagen wird inzwischen durch Mitbehandlung gewerblicher Abfälle bzw. getrennt eingesammelter organischer Anteile des Hausmülls für eine Aufbesserung der wirtschaftlichen Situation gesorgt. Neben den zusätzlichen Gutschriften für die Betreiber wirkt sich bei diesem Konzept positiv aus, daß damit eine landwirtschaftliche Verwertung des Gärrückstandes abgesichert ist.

Bei der Errichtung einer Anlage zur anaeroben Vergärung sind bau-, wasser-, Gewerbe-, Immissionsschutz- und u.U. energiewirtschaftsrechtliche Vorschriften zu beachten. Einen breiten Raum nehmen **baurechtliche** Vorschriften ein, weil nur Neubauten ohne Feuerstätten bis zu 20 m^3 umbauten Raum und Behälter bis zu 5 m^3 Rauminhalt genehmigungsfrei sind und selbst Umnutzungen vorhandener baulicher Anlagen eine Genehmigungspflicht auslösen können.

Die **gewerberechtlichen** Vorschriften beziehen sich vor allem auf Sicherheitsaspekte, wie z. B. eine Beachtung der Druckbehälterverordnung bezogen auf Gärbehälter und Gasspeicher, wenn der Betriebsüberdruck über 0,1 bar liegt, der Verordnung über elektrische Anlagen in explosionsgefährdeten Räumen, die Einhaltung von Unfallverhütungsvorschriften, die u.a. Abstandsregeln beinhalten.

---

[23] 0,149 DM/kWh bei einer Generatorleistung bis 500 kW; 0,121 DM/kWh bei 5 MW_e; dazwischen linearer Verlauf; über 5 MW wird der Geltungsbereiches des Gesetzes verlassen, d.h. die Einspeisevergütung beträgt nur 0,08 bis 0,10 DM/kWh

Das **Bundesimmissionsschutzgesetz** mit den dazugehörenden Verordnungen stellt in diesem Fall keine hohen Anforderungen, so daß im großen und ganzen marktgängige Technik geeignet ist. Aufgrund der Schadgasanteile im Rohgas gelten allerdings für die Deponiegasnutzung erhöhte Anforderungen, die aber nicht soweit gehen, daß Gasreinigungsanlagen vorgeschaltet werden müssen. Biogasfeuerungsanlagen erfordern erst ab 10 MW ein förmliches Genehmigungsverfahren (in dem Fall als vereinfachtes Verfahren ohne öffentliche Auslegung) und Motor-BHKW ab 1 MW Feuerungswärme-leistung, entsprechend etwa 300 kW_e. Bei kleinen Anlagen werden häufig hohe Abgasstandards erfüllt, um Voraussetzungen für in einigen Ländern erhältliche staatliche Zuschüssen zu erfüllen.

Die Einhaltung der zulässigen Schadgasemissionen bereiten i.allg. keine Probleme. Bei einigen Gärmaterialien kann allerdings eine Biogasentschwefelung erforderlich sein, die aber zugleich einen Schutz vor erhöhter Anlagenkorrosion darstellt. Weiterhin sind Grenzwerte des maximalen Schalldruckpegels insbesondere im Rahmen der Gas-verwertung zu beachten.

Die bis dahin in manchen Fällen existierende Behinderung einer optimalen Gasverwertung, die darin lag, daß ein Konzessionsvertrag allein dem für das jeweilige Gebiet zuständigen Gas- bzw. Energieversorgungsunternehmen eine Leitungsverlegung in öffentlichen Wegen erlaubt, ist mit der Neufassung des Energiewirtschaftsgesetzes von April 1998 beseitigt. Seit der Aufhebung der Gebietsmonopole hat der Betreiber einer Biogasanlage nur noch vergleichsweise geringe Hürden zu überwinden, um eine Fremdversorgung mit Biogas oder Strom übernehmen zu können (Zulassung als Energieversorgungsunternehmen, Abschluß eines Konzesionsvertrages zur Verlegung einer Leitung in öffentlichem Grund, etc.)

Die landwirtschaftliche Verwertung des Gärrückstandes unterliegt der **Klärschlammverordnung**, die Schadstoff-Grenzwerte und maximale Ausbringungsmengen festlegt. Außerdem ist eine im Rahmen des **Düngemittelgesetzes** erlassene Düngeverordnung zu beachten, die Vorgaben zur Vermeidung einer Überdüngung enthält.

Fördermittel sind in einigen Bundesländern und in wenigen Gemeinden erhältlich. In der Regel sind die Zuschußmöglichkeiten sehr begrenzt und von Einzelfällen abhängig.

2.2.8 Biogene Flüssigbrennstoffe

Die Erzeugung von Biodiesel auf der Basis von Rapsanbau hat seit Inkrafttreten einer Agrarreform von 1992 Auftrieb erhalten. Die Reform sollte der Nahrungsmittelüberproduktion und dem damit verbundenen Verfall der Erzeugungspreise entgegenwirken. Landwirte müssen 15 % ihrer Ackerflächen stillegen und erhalten zur Kompensation des Einnahmeausfalls Stillegungsprämien. Diese Prämien sind auch erhältlich, wenn auf den betreffenden Flächen Energiepflanzen angebaut werden. Hierdurch erfährt die Dieselöl- bzw. Ethanolerzeugung eine Subventionierung. Da für Biodiesel (Rapsmetylester) keine Mineralölsteuer anfällt, ist ein Liter Biodiesel z.Z. an Tankstellen etwa 5 % billiger als ein Liter Dieselkraftstoff, der allerdings einen etwas höheren Heizwert aufweist.

Energetischen Verwertung von Bio-Ethanol geschieht durch Beimischung zum Benzin, wobei gemäß einer EU-Richtlinie bis zu 5 % Anteile zulässig sind. Die Ethanolbeimischung verbessert die Kraftstoffeigenschaften, indem es die Klopffestigkeit erhöht.

Als bedeutende Vorschrift für den Einsatz von Biokraftstoffen ist die Einhaltung bestimmter Abgasgrenzwerte zu beachten. Die Eignung der jeweiligen Motoren wird anhand von Typenzulassungsverfahren festgestellt und genehmigt.

3. Erforderliche Schutzmaßnahmen für regenerative Energiearten im zukünftigen Ordnungsrahmen

Wie in Abschnitt 2.2.1 angeklungen ist, bietet das Stromeinspeisegesetz als das bedeutendste systematische Förderinstrument für regenerative Energiearten noch nicht die Voraussetzungen, von einem breiten Konsens getragen und in wünschenswerter Weise langfristig einkalkulierbar zu sein. Es lohnt sich also, vor dem Hintergrund der künftig zu erwartenden Struktur der Energiewirtschaft über alternative Schutzmaßnahmen Gedanken zu machen:

Die Elektrizitätswirtschaft in Deutschland befindet sich in einem Umbruch vom geschlossenen Modell mit stark vertikal integrierten Unternehmensstrukturen und geschlossenen Versorgungsgebieten hin zu einem offenen Modell mit Elementen der vertikalen Deintegration (d. h. der Trennung von Netz und Erzeugung) und Ansatzpunkten einer Entwicklung von spezifischen Märkten für Elektrizität und Transportdienst-leistungen.

Zwar ist die Entwicklung vorgezeichnet, jedoch hängt deren Verlauf stark von der weiteren Ausgestaltung des gesetzgeberischen Rahmens ab. Darüber hinaus bedürfen solche Veränderungen einer Übergangszeit. In einem weitgehend offenen Markt kann Elektrizität differenziert nach Zeitdauer der jeweiligen Bezugsverträge ge- und verkauft werden (Vertragsmarkt und Spot-Markt).

Inwieweit neue Behinderungen durch die Durchleitungskonditionen entstehen, hängt davon ab, wie sich hier die Vertragverhältnisse und die Preisstellungen entwickeln.

Die Stromerzeugung aus regenerativen Energiearten kann vor diesem Hintergrund nur Perspektiven haben, wenn sie einen Vorrang oder eine finanzielle Begünstigung erfährt. Neben einer entsprechend ausgelegten Energiesteuer für Stromerzeugung aus fossilen Brennstoffen bzw. Kernenergie, die eine derartige Verbesserung der wirtschaftlichen Möglichkeiten der regenerativen Energiearten herbeiführen könnte, sind grundsätzlich zwei Möglichkeiten geeignet:

a) gesetzliche Festlegung der Stromvergütung:

Es wird weiterhin eine gesetzliche Festlegung der Einspeisevergütung der Stromerzeugung aus regenerativen Energiearten unter Berücksichtigung eines Umweltbonus geben. Die Mehrkosten werden aus einem Fond bezahlt, der aus Abgaben für konventionelle Kondensationsstromerzeugung gespeist wird. Nachteil dieses Systems ist, daß eine Gefahr der Überförderung besteht: Der Bonus ist an die Anlagentechnik, aber nicht an ihre Wirtschaftlichkeit gebunden. Insoweit könnten also auch Anlagen gefördert werden, die einer Förderung gar nicht bedürfen (Mitnahmeeffekt). Da sich eine solche Form der Subventionierung u.a. in erhöhten Anlagenpreisen widerspiegeln wird, ist sie wirtschaftlich ineffektiv.

b) Quoten für Strom aus regenrativen Energiearten:

Stromverkäufer müssen eine bestimmte vom Staat vorgegebene Menge des von ihnen abgesetzten Stroms aus regenerativen Energiearten beziehen. Dabei ist unerheblich, ob diese Anlagen von ihnen selbst oder von anderen betrieben werden (Handel mit entsprechenden Zertifikaten). Da die Abnahmepflicht bei allen die gleiche ist, ist eine solche Verpflichtung im Inland wettbewerbsneutral. Die Anbieter von Strom haben ein Eigeninteresse daran, die Kosten für den bezogenen Strom aus regenerativen Energiearten so niedrig wie möglich zu halten. Insofern kann bei einer Quotierung ein Markt für Strom aus regenerativen Energiearten entstehen, wenn die Stromwirtschaft insgesamt den Bedingungen eines offenen Marktmodells entspricht. Der große Vorteil einer solchen Lösung liegt darin, daß der Staat sich auf die Regulierungsaufgabe zurückziehen kann und keine Finanzmittel bewegt werden müssen. Gleichzeitig entsteht für die Unternehmen eine klare Planungsbasis, wenn sichergestellt wird, daß die Mengenvorgaben für Strom aus regenrativen Energiearten langfristig vorhersehbar gestaltet werden.

4. Literaturverzeichnis

Becker, H.: „Die Aufstellungszahlen der Hersteller für das erste Halbjahr liegen vor: Die Spitze setzt sich weiter ab." in Wind Energie Aktuell 9/1997

Diekmann, J.; Horn, M.; Hrubesch, P.; Praetorius, B.; Wittke, F.; Ziesing, H.-J.: „Fossile Energieträger und erneuerbare Energiequellen", Hrsg.: Forschungszentrum Jülich GmbH (KFA), Serie: Monographien „Instrumente für Klimagas-Reduktionsstrategien" (IKARUS), Jülich 1995

Durstewitz, M.; Hoppe-Kilpper, M.; Schmid, J.; Stump, N.; Li, T; Windheim, R.: „The German 250 MW Wind Programme - A Success Story", Hrsg.: Deutsche Gesellschaft für Sonnenenergie e.V. - DGS; EuroSun'96 10. Internationales Sonnenforum „Proceedings" 1996, DGS-Sonnenenergie Verlags-GmbH, München

Internationales Wirtschaftsforum Regenerative Energien (IWR), Forschungsgruppe Windenergie: „Grundsätze für die Planung und Genehmigung von Windenergieanlagen" (Internet-Info http://www.uni-muenster.de/Energie/wind/raum/ro-prog/leit-nw2.html)

Forum für Zukunftsenergien: „Erneuerbare Energien - ein Leitfaden für Städte und Gemeinden", 1992

Forum für Zukunftsenergien: „Förderfibel Energie", Hrsg.: Fachinformationszentrum Karlsruhe, Verlag Deutscher Wirtschaftsdienst, September 1997

Hartmann H.; Strehler, A.: „Die Stellung der Biomasse", Hrsg.: Bundesministerium für Ernährung, Landwirschaft und Forsten: Schriftenreihe „Nachwachsende Rohstoffe" Bd. 3, Landwirtschaftsverlag, Münster 1995

Johnsen, B.: „Wind/Energie/Aktuell – Rekordjahr in Wartestellung", in Erneuerbare Energien 8/98, S. 6 ff

Langniß, O.; Nitsch, J.; Trieb, F.: Vorschlag für ein Sonderprogramm zur beschleunigten Markteinführung regenerativer Energien bis 2010, unveröffentlichte Expertise für die Gruppe „Energie 2010", Mai 1997

Leuchtner, J.; Prüser, K.: „Photovoltaik - Anlagen - Marktübersicht 1994/95", Hrsg.: Öko-Institut e.V., Freiburg 1994

Marko, A.; Braun P.: „Thermische Solarenergienutzung an Gebäuden", Fraunhofer Institut Solare Energiesysteme, Springer-Verlag, Berlin 1997

Meissner, D.: „Solarzellen, Physikalische Grundlagen und Anwendungen der Photovoltaik", Vieweg-Verlag 1993

Molly, J.-P.: "Windenergie - Theorie, Anwendung, Messung", C.F. Müller-Verlag, Karlsruhe 1990

Rotarius, T. (Hrsg.): „Wasserkraft nutzen - Ratgeber für Technik und Praxis", Cölbe 1991

Sandtner, W.: „Ergebnisse des Bund-Länder-1000-Dächer-Photovoltaik-Programms" in „Elektrizitätswirtschaft" 1/1996 S. 35 ff

Schachtner, K.; Uszynski, E.: „Rechtliche und technische Vorschriften für Bioabfälle", Hrsg. Rheinisches Institut für Ökologie, Köln (RHNO) 1993

Schüle, R.; Ufheil, M.; Neumann, C.: „Thermische Solaranlagen Marktübersicht“, Hrsg.: Öko-Institut e.V., Freiburg 1997
Schulz, W.: “Stand der Holzvergasungstechnik“, Hrsg.: Bremer Energie-Institut, Bremen 1997

Index

A

Abfallgesetz 168

Abgaben 11, 52, 69, 71, 174

Abwasser-Abgaben-Gesetz 71

Anaerobe Prozesse 130, 133, 137, 167

Annuitätenmethode 50, 51, 52

B

Biobrennstoffe 139, 164

Biogene Flüssigbrennstoffe 171

Biomasse74, 75, 76, 129, 130, 131, 133, 137, 148, 161, 166

Bruttowertschöpfung 96, 100, 102

Bundesimmissionsschutzgesetz132, 135, 149, 150, 162, 170

Bundesnaturschutzgesetz 149

C

Contracting 56, 57, 58, 59, 65, 67, 68

D

Differenzinvestition 35, 36, 48

E

Elektrizität 14, 18, 84, 85, 89, 93, 104, 122, 173

Elektrizitätswirtschaft 13, 90, 173

Energiedienstleistungen55, 56, 57, 59, 60, 64, 68, 77, 79, 134

Energieeffizienz75, 77, 82, 84, 85, 87, 91, 97, 98, 100, 103, 108, 111, 126, 129, 133

Energieeffizienzpolitik76, 77, 109, 125, 127, 128, 129, 133

Energieintensität 81, 82, 87, 89, 96, 98

Energiepolitik 128, 130

Energieträger5, 19, 24, 28, 30, 59, 70, 73, 76, 78, 85, 90, 91, 93, 95, 120, 121, 133

-arten 5

End- 93

-fossile 75, 76, 135, 139

-kosten 14

Primär- 84, 89

regenerative 128

Sekundär- 138

Energieverbrauchskennzeichnungsgesetz 129

Energiewirtschaftsgesetz145, 149, 151, 155, 158, 170

Entscheidungsmodelle 14, 15, 48, 54

F

Fördergebietsgesetz 20, 38, 130

G

Geothermie 129, 130, 133, 137, 140, 156

H

Heizkostenverordnung 133, 136

Heizungsanlagenverordnung 133, 134, 136

I

Internalisierung 75

Interner-Zinssatz-Methode 41, 46

K

Kapitalwertmethode ... 41, 44, 45, 46, 47, 48, 49, 51

Kraftwerk 12, 13, 37, 72, 76, 78, 86, 89, 90, 91

Atom- 141

Blockheiz- 55, 59,130, 131, 143, 163, 170

Braunkohle- 12, 90

GuD-Anlagen 90

Kern- 72, 91

Steinkohle- 13, 90

Wasser- 12, 21, 38, 154, 156

Kreislaufwirtschaftsgesetz 168

L

Least-Cost-Planning 10, 55, 57, 60, 66

Lücke-Theorem 38, 51

N

Nachhaltige Entwicklung 77

O

OPEC 75

Opportunitätskosten 4, 6, 23

P

Photovoltaik92, 129, 130, 133, 135, 140, 147, 148, 156, 158

Prozeßwärme 99, 115, 125, 126

R

Raumwärme5, 64, 74, 93, 99, 104, 115, 117, 121, 125, 126, 127

Rebound-Effekt 95

regenerative Energiearten129, 132, 135, 138, 139, 140, 142, 144, 151, 172, 173, 175

S

Selbstverpflichtung 132, 153

Solarthermie 129, 160

Stromeinspeisegesetz144, 145, 147, 152, 155, 159, 163, 168, 172

Sustainable Development 76

T

Teilkostenrechnung 7, 9

Treibhauseffekt 75, 77

V

Vollkostenrechnung 7, 8, 12

W

Wärmenutzungsverordnung 132

Wärmeschutzverordnung 118, 133, 135

Wasserhaushaltsgesetz 154

Wasserkraft 72, 129, 133, 134, 153, 156

Windenergie 130, 148, 150

Wirkungsgrad13, 18, 55, 70, 84, 89, 90, 92, 121, 126, 134, 163

www.ingramcontent.com/pod-product-compliance
Lightning Source LLC
LaVergne TN
LVHW010547300926
849162LV00002B/257